安居长城

我的记忆，设计与梦想

HOME AT THE GREAT WALL

Memories, Designs, Dreams [美] 萨洋（Jim Spear）著

中信出版集团 | 北京

图书在版编目（CIP）数据

安居长城：我的记忆，设计与梦想 /（美）萨洋著
. -- 北京：中信出版社，2024.4
ISBN 978-7-5217-6476-5

Ⅰ . ①安… Ⅱ . ①萨… Ⅲ . ①建筑设计－作品集－美
国－现代 Ⅳ . ① TU206

中国国家版本馆 CIP 数据核字（2024）第 061785 号

安居长城——我的记忆，设计与梦想
著者： 　［美］萨洋
出版发行：中信出版集团股份有限公司
　　　　　（北京市朝阳区东三环北路 27 号嘉铭中心　邮编　100020）
承印者： 　北京雅昌艺术印刷有限公司

开本：787mm×1092mm　1/16　　印张：17.75　　字数：195 千字
版次：2024 年 4 月第 1 版　　　　印次：2024 年 4 月第 1 次印刷
书号：ISBN 978-7-5217-6476-5
定价：128.00 元

献给唐恺

——第一个称我为建筑师的人

For Tang Kai

— who first called me an architect

萨洋先生是一位在中国生活近四十年的外国人，亲身经历了改革开放以来中国社会的巨大变化，并以极大热情投身到乡村建设之中。本书记录了萨洋先生自己的真实感受，讲述他与长城脚下慕田峪村的故事，以及改造传统民居的实践心得。虽然不是一名专业设计师和文物保护者，但他始终在用心感悟着中国传统乡土文化，用情来勾画每一座梦想的"记忆宫殿"，这些改造项目既最大限度地留存着其原有的每一点记忆痕迹，又更加适应现代生活和审美情趣，让那些乡村民居焕发出新时代的勃勃生机。他的作品——书中所呈现的这十几处院落，业已成为乡村文化遗产保护和活化的范例。

——**宋新潮**　中国古迹遗址保护协会理事长

萨洋在书中讲述了他从一个对中国着迷的年轻人变成长城脚下古民居的建筑师和设计师的故事，这些精彩的回忆交织在一起。他用富有诗意的四字标题为 32 个小故事命名，从吸引他和妻子唐亮在慕田峪建立家庭生活的偶然而又有意义的邂逅开始，娓娓道来。凡是参观过萨洋在慕田峪和其他地方的项目的人，都会很快意识到他通过将农村老房子改造成现代生活场所来保护老房子的风格。这本书中的大量照片充分展示了这些蜕变。所有这些都是在让当地居民参与到他的企业中完成的，这些企业振兴了当地经济，提高了乡村生活水平。

——**那仲良**（Ronald G. Knapp）　纽约州立大学新帕尔兹分校荣誉教授

有幸与老萨、唐亮夫妇结识是多年前在他设计的瓦厂酒店。当时印象非常深刻的是，很少能在一座建筑里读到那么多的故事，这些故事娓娓道来，如对话般呈现，丝毫没有建筑师"套路"的建构语言，有点儿拙，却是叙事般的，毫不刻意，像极了中国文人画的卷轴。后来我又多次到老萨家里做客，听他们夫妇聊过往，满满的幸福感溢于言表，家中陈设亦是承载了厚厚的沉淀。感慨之余邀老萨为我的清华国际班学生授课，从一种极特殊的视角讲述对话出来的空间。非常高兴老萨能把伴随、承载了他们精彩人生的设计呈现在这本书中。

——**李晓东**　清华大学建筑学院教授

一部兼作自传的设计作品集，感人至深的故事，令人羡慕的历程。萨洋和唐亮，从美国到中国，从都市到乡村，从胡同到长城，他们把生活写成了诗，把工作酿成了酒。在建筑大潮奔涌向前的时代，他们沉浸于创造自己的世界；在建筑大潮回归平静的时代，他们沉醉于自己创造的世界。他们用一生的经历，诠释着设计来源于生活，诠释着意义来源于实践，诠释着爱可以成就一切。

——**罗德胤**　清华大学建筑学院教授

透视是建筑中的一个重要概念。萨洋的房子反映出他审美的特长，无论从外向内还是从内向外看，他都能看到美。他设计的窗户，大的、小的、圆的、方的、六角的，形态各异但连接着窗外的美景，那是中国的山川、树木和长城。他的建筑美轮美奂，就地取材，融合了东西方的美，也构建了温馨舒适的室内空间。

这本书既展示了萨洋富有创造力的建筑眼光，也展现了他作为一个以中国为家的外国人对中国的敏锐观察。这独特的视角既承载了萨洋早年在美国的生活，也反映了他作为中国新居民的新鲜感，还有他对自己选择的家园和家庭的热爱。

他设计的建筑和生活空间令人惊叹，他在中国近四十年的故事，以及他对北京乡村和旅游业发展的贡献，让这本书的阅读轻松而有趣。

——李碧菁（Roberta Lipson） 和睦家医疗创始人

与萨洋的相识缘于朋友圈的一段视频"改造长城脚下的农房"，通过朋友的介绍，我们认识了萨洋和唐亮，这让我们对大理新家装修的梦想很快成为可能。作为我们新家的主设计师，萨扬不止一次地来到大理，他在大理的日子，我们谈设计谈需求，也彼此分享了各自的人生经历。萨洋是一个非常奇特的人，他很睿智，在尊重的原则下善于在各方不同想法和诉求的矛盾中迸发出出乎意料的创意。有了萨洋和他的团队，我们才有了今天大理的家——我们梦想的宫殿。

与其说推荐此书，我们更愿意推荐萨洋和唐亮这一对有趣的灵魂，当然也希望更多的人借助他们或他们的书建造自己的梦想宫殿。在这个我们已经习惯了通过短视频获取信息的时代，这是一本让人想一口气读完的书。

——燕飞、傅蕾 大理屋主

一直以来，我对萨洋和唐亮夫妇起于慕田峪村的乡村精品酒店创业项目，以及之后他们深入设计领域继续探索建筑改造和人居生活方式的事业热忱充满敬意。这种在旧建筑与新建筑之间，在传统技艺和现代手段之间，在乡村屋舍和都市生活之间的不断取舍、破立、反思与进取中形成的精妙的平衡术，以及构建出的一套独具主张和风格的建筑设计思想和体系，已远超任何教科书给予的启示，无论是从时间维度和空间视角，都极具哲学高度和情感张力。因此，萨洋设计的空间具有超越时间的迷人魅力和美学主张。随着中国的都市和乡村大多进入存量更新的发展周期，这本书对于当代中国社会下一个周期的发展颇具启发意义。我们到底想要什么样的生活？如何从生活与事业的创造中获得持续的幸福感？萨洋的人生回顾也颇具生命启迪。

——戴雪英 浩华管理顾问公司（Horwath HTL）执行董事、大中华区总经理

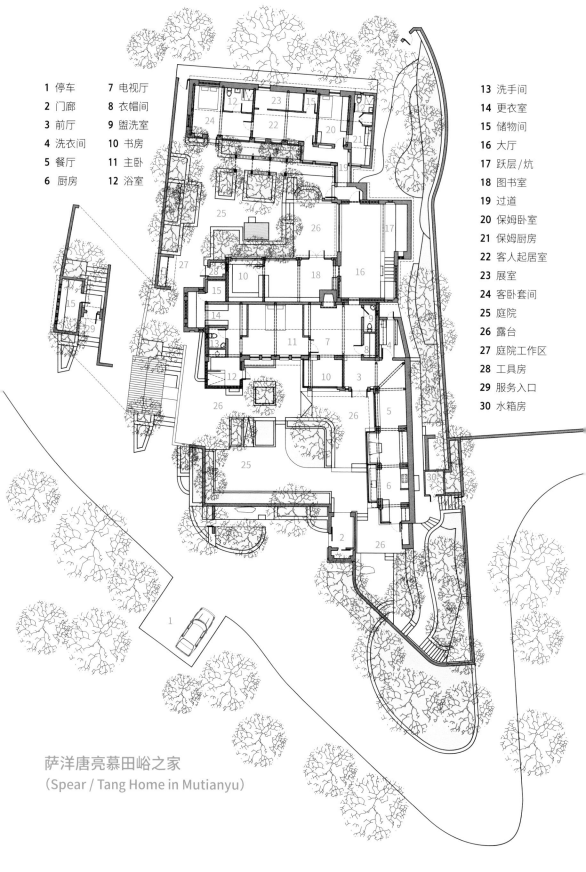

1 停车　　7 电视厅
2 门廊　　8 衣帽间
3 前厅　　9 盥洗室
4 洗衣间　10 书房
5 餐厅　　11 主卧
6 厨房　　12 浴室

13 洗手间
14 更衣室
15 储物间
16 大厅
17 跃层/炕
18 图书室
19 过道
20 保姆卧室
21 保姆厨房
22 客人起居室
23 展室
24 客卧套间
25 庭院
26 露台
27 庭院工作区
28 工具房
29 服务入口
30 水箱房

萨洋唐亮慕田峪之家
(Spear / Tang Home in Mutianyu)

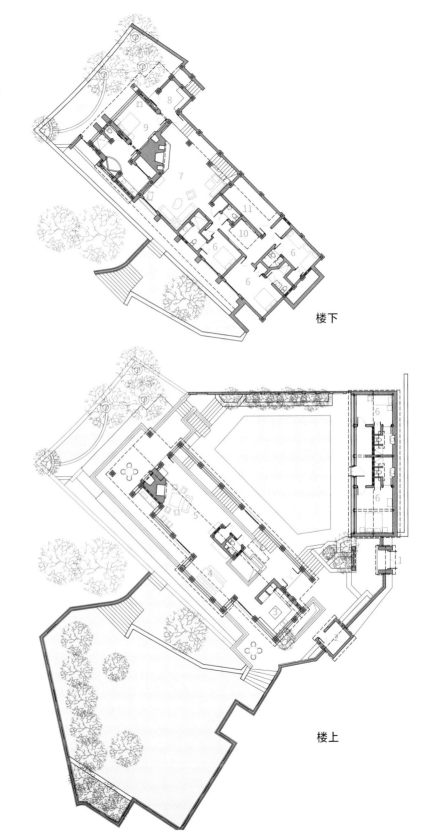

虎丘
（Tiger Top）

1 大门
2 储物间
3 厨房
4 餐厅
5 大厅
6 卧室
7 家庭活动室
8 书房
9 主卧套间
10 过厅
11 设备间

楼下

楼上

目录

序言

王蒙

作家、原文化部部长

奇人，奇事，奇文，奇图。萨洋应该算是他者，但成了乡亲。他更像一个任性的儿童，从美国来到中国，一见钟情，迷恋于京郊怀柔慕田峪的长城与山村，成为与周围百姓互相打着招呼的村民。他热爱中国的大地与文明，中的西的，土的洋的，古的今的，尽为我用，对于自己的山居进行了创造性转化与创新性发展，并首次被称为建筑师，也许还可以首次被称为摄影师与写作人。他的设计品位，影响了附近的村落并外溢四方。他得到北京市政府的肯定表彰，荣获"长城友谊奖"。

萨洋，美国人；唐亮，他的中国妻子。夙缘、美景、终老的决心，闲适着而又不断发展着。作者以他的书，见证他对异质新质文化的勃勃兴致与无保留倾心。他们在美丽的神州、古老的长城追求、缔造与享受幸福，其乐无穷，其心平安舒畅。

二〇二四年四月

01
因缘际会

这些年，记不清多少次来到慕田峪长城，我迷上了这里。

慕田峪长城脚下有一座小村庄，大概只有一两百户人，村民们以前大多依靠附近山坡上的果园谋生。后来因为到长城游览的游客越来越多，村民们也在长城边上摆起摊位和开店铺，开始销售一些吸引游客的商品，比如新制的景泰蓝、刺绣、雕刻工艺品，还有工厂流水线生产的旅游纪念品以及当地出产的柿饼等干果。

有一次游览的时候，我在一个小卖部淘到了一枚古朴的蓝宝石戒指，把它作为礼物送给了我的妻子唐亮。没想到几年后，我们会在这里发现一个更大的宝藏。

我和唐亮能够成为慕田峪的永久居民，完全是因为与村民李凤泉（他那时也是个小商贩）的一次偶然相遇。1996年的某一天，我爬完长城正沿着小路往山下走，李凤泉过来向我兜售他手上的T恤衫。虽然时隔多年，这件事我仍记得清清楚楚。我说："很抱歉，我今天对买纪念品不感兴趣。但必须告诉你的是，我很羡慕你能住在长城附近这么美的地方。我一直希望能在这里有一个家，然而这似乎是一个遥不可及的梦想。"出人意料的是，李凤泉没有掉头就走，而是说他可以试试，帮我寻找当地闲置的老房子，他说："我帮你看看。"

过了几天，李凤泉竟然打来了电话，说是帮我在慕田峪村找到了几栋可以出租的老房子。电话是唐亮接的，她还以为是骗子打来的，直接就给挂了。直到第三次打来并接通电话，她才相信这是真的。如果没有李凤泉的坚持，我住在长城脚下的愿望，这辈子可能都不会实现。

上 我和唐亮在慕田峪长城上，背后的山谷就是慕田峪村。

下一页 慕田峪村闲置的老房子，都是如此破败不堪。

几周之后，在李凤泉的帮助下，我们与一个村民签下了一栋老房子的长期租约。我开始思考如何改造这栋中国传统乡村房屋，这栋房屋位于慕田峪陡峭山谷的东侧。简陋的庭院四周都是灌木丛，院子里还有一个猪圈和一只大狗。房子很高，因此感觉空间很大。这栋房屋是村主任和他兄弟共同为他们父亲建造的，这位父亲年事渐高之后，住在其中一个儿子家里，以便有人照看，他曾居住的房子于是就空了出来。

曾经有很多年，老爷子会偶尔回到他的老房子拜访我们。他喜欢坐在里面，陪伴他的老房子一会儿，也喜欢看着它如何改头换面，他是一个和善的老人。

经过一轮改造，这栋老房子脱胎换骨，成了我和家人以及朋友们暂时逃离北京城区繁忙生活的一个舒适避风港。我和唐亮的好朋友、后来的工作伙伴尚朱莉（Julie Upton-Wang），她也是一位外籍人士，常常和我们一起来慕田峪过周末。20世纪90年代，在还没有智能手机的日子里，她可以和我们在这栋房子里玩上一整天的拼字游戏。

2005年我50岁，唐亮说我经历了一场"中年危机"，就是来中国工作了近二十年之后，我觉得是时候停下来进行一场个人的"修缮"了。

怀着对田园生活的向往，我向公司提交了辞呈，正式搬到慕田峪居住，整日里琢磨怎么侍弄花草、改造老房子，虽然那时我还远没到退休的年龄。在将老房子改造成新家之后，我忽然发现这栋房子在我和唐亮的朋友圈中大受欢迎，很多熟人开始向我寻求帮助，希望也能在此寻找到他们自己的乡间"别墅"，并且进行改造。于是，我又找到了一份有趣的新工作，开始为朋友们寻找乡下的老房子并进行设计改造。

此后，陆陆续续有数十所老房子，都由我和唐亮牵线朋友或者业主，直接从附近村民的手里长期租赁下来，再进行设计和改造。房子的租金收入则直接归村民所有。最初的时候，一年的租金只有几千元人民币，自从我做了老房子改建的示范后，慕田峪村以及附近的村庄，有不少农民房也进行了类似改造。相应地，农民房的租金也逐渐水涨船高了。我觉得吧，老房子的改造，可以算是一种乡村建设，一种当地农民房的改良与升级。

不止于此，慕田峪村的村主任也找到我，声称这个村庄的居民因为外出谋生，人口正在迅速流失，亟须在当地成立企业来增加工作机会。因此他问我，有没有办法可以帮到他们。

在王培明和尚朱莉的支持下，我们几个人一起租用了慕田峪村的空置校舍，把它改造成了一家西餐厅和一家艺术玻璃工坊，这也是慕田峪村第一家可持续经营的旅游企业。"小园"餐厅于 2006 年应运而生，后来成为慕田峪所属地渤海镇的村民就业的主力之一。许多当地的家庭妇女在餐厅做服务工作，她们中的不少人第一次正式参加工作，当妇女们赚到的钱比自己丈夫还要多的时候，她们在家里的话语权也提高了。

左 这是我接受委托完成改建的第一座别墅"小长城"，内外的地面均由修缮长城时所使用的砖块铺就而成。曾经的五个隔间合并为一个宽敞的起居室，其尽头是一扇通往干草棚的门——如今是带有一扇小窗的厨房，可以俯瞰山谷。

下一页 2006 年春天，我们开设了第一家可持续旅游企业"The Schoolhouse at Mutianyu Great Wall"，这家企业以一所废弃的小学和农业建筑为基础，设有餐厅和艺术玻璃工坊。后来我们还增设了一家画廊和宴会厅，并在附近投资了其他餐厅、民宿和手工食品企业。我们给它选择的中文名称是"小园"，其实我们最初的选择是"校园"，但没有获得批准，因为我们的业务与教育无关。

02
记忆宫殿

右 明媚的阳光洒满了藏书室和书房的北墙。在改造慕田峪老房子时，我增加了这种倾斜的结构，可以将私人的庭院花园及盘踞在附近山岭上的长城尽收眼底。我相信"一个完美的家，永远不可能完工"。这两处空间都曾经过几番修缮与调整。

下一页 改造前的书房。在南侧墙壁书架上的镜子，映射着周围的光线。当我坐在位于镜子前的工作台前时，便能通过镜子观察到房间、花园和长城。其他的藏品，如紫檀木或檀香木制成的盒子，雕花的托盘与笔筒，玻璃碗与水杯，都被精心地放置于镜子之间，像是融入一扇扇小小窗户之中。

小小的方形窗户，还不到半米宽，我把它设置在书房西面的墙壁上，窗外犹如一幅风景画。转过头来，就是与我的书桌相对的朝北的大窗户。两个窗户，一大一小相映成趣。窗外的景色变化，总是引人凝视与遐想。我坐下时，映入眼帘的是慕田峪的晴空；等我站起来，景色就变成了老房子的瓦片屋顶，还有远处蜿蜒起伏如同"卧佛"的山峦。

书房里的那张书桌，由一扇废弃的门板制成，是一件来自我妻子唐亮的礼物。书桌后安装了一整面墙的书架，用以展示我们的图书以及独特的藏品——大约 20 面方形的镜子，它们点缀在各种图书与工艺品中，如同一系列小小的带框的窗户，映照出北面窗外的景色，即北边的花园与老房子的外墙。我将北面那栋老房子，视作整个住宅的侧翼，那里有唐亮的纺织品收藏室与一间客房。在这侧翼之上，矗立着巍峨的山峰和绵延不断的城墙——万里长城。

我特别喜欢收藏有故事的物品，以及透过各种小窗所能看见的风景。即使那个由木头雕成的东西仅有手掌般大小，我也能像凝视一扇窗户看到外面的风景那样，想起与那个东西有关的故事。对我而言，这些木雕，或是稍大一些的盒子和托盘，都有它们独特的风景。有一些收纳着信件和各种文书，另一些则堆放着回形针和暂时用不上的具有艺术美感的玻璃。它们敞开着回忆之门，一直在默默讲述过往发生的故事。作为我收藏品的一部分，它们是我的建筑故事和创意历程的见证。

比如一个可以在我手中转动的方形托盘，是用一块木头雕刻出来的，它的四个角有几乎相同的轮廓。由于是手工制作而成，所以并不是完美无缺的正方形，但这也正是它如此珍贵的原因。手工制作者的技艺，就蕴含在这个充满技巧的瑕疵中，瑕疵像是一个隐形的签名。

上　我的所有设计都是在这样的环境中完成的，我经常在黎明前起床，独自勾画出我在夜晚梦到的东西。

右　一块来自福建的抛光水晶与书房朝西的小窗相映成趣。

我时常在这间书房中勾画设计草图，审阅建筑计划，身边就环绕着这些形形色色的小窗。镜面映照出我的家，映照出慕田峪的村庄，也映照出万里长城上的光影变幻和斗转星移。木雕的盒子与托盘，甚至那个由珍贵的黄花梨制成的明代笔筒，都承载着漫长岁月与其手工制作者之间隐隐的联系。手工、制作、时间、积淀——它们时时在给予我灵感上的启发。

每当看到这些收藏品，我总能回忆起带给我的那个人，或者是我和唐亮一起找到它们的地方。

马尔代夫的椰子壳托盘，来自我们的女儿唐雯。涂着鲜亮色彩的惟妙惟肖的木头怪兽，来自我的姐姐。手工吹制的玻璃碗，则是我和唐亮一起在穆拉诺岛上发现的。每一件物品，都记载了一段时间的历程，同时也为历史提供物证——这正是引导和激励我设计创作的原则。最终，这些收藏品不仅丰富了我的个人生活和住宅，更为我的创意实践提供了一系列独特的视角。

刚搬到慕田峪的时候，我对中国历史并不太了解，对中国建筑更是所知甚少，需要自学许多知识。有一本书似乎与建筑和设计毫不相关，却让我受益匪浅。这本书叫《利玛窦的记忆宫殿》，著名的汉学家与中国史学者史景迁讲述了16世纪文艺复兴时期，一个耶稣会传教士利玛窦，将名为"记忆宫殿"的西方记忆法带到了中国。这种记忆法分为两步：众所周知的第一步，只需要将一个概念或知识与图像或想象的画面联系起来；第二步，则是头脑意识里的操作，即为那些与记忆相关的图像或画面建造一所房屋或者宫殿。而这正是我对设计房屋心驰神往的原因。

想象一下，如果盛放在锡制酒壶里的，是你妻子星期天清晨的笑容，你将这个酒壶放在回廊最高的那层玻璃架子上，面向朝南的窗户，迎接阳光，这就是家。

细细的瓶颈，黄铜的手柄，承载着你星期天清晨美好回忆的酒壶，平平无奇却又如此特别。在那条洒满阳光的回廊中，延伸向两侧的玻璃架子上，这把锡壶仿佛就拥有了生命与温馨的回忆。

其他的藏品也类似，一个结实的茶壶，是我和父亲一起去大峡谷的纪念；一套雕刻着富有诗意祝酒歌的锡杯，则是来自查默斯·约翰逊先生妻子的礼物。约翰逊先生是我在加州大学伯克利分校读大学时的教授兼导师，他去世后，他的妻子将这套锡杯送给了我。每次看到它的时候，我就会回忆起曾经在伯克利学习的时光。

这正是"记忆宫殿"所施展的奇特魔法。那条回廊和那个房屋因此充满回忆，它们拥有生命、拥有呼吸，随时等待着新的记忆来扩充与丰富。这个方法唯一需要的，只是将记忆寄托于一件特殊的物品上，就像是透过一扇扇小小窗户，窥见长城内外无边的风景。

在利玛窦神父历经长途跋涉来到中国的时候，长城修修补补顽强屹立了近两千年。那时它正在经历明朝的大规模重建，所用时间长达两个世纪。在这座砖石屏障周围的多石山谷中，有上千名建筑者聚居，形成了一个狭长的小村庄——慕田峪村。

我喜欢收集锡壶，因为我对它们的形状和轮廓很感兴趣。近四十年来，在唐亮的帮助下，我们的锡器收藏已经扩展至酒壶、茶壶、油壶、水杯、托盘、盒子、花瓶和烛台。它们有的来自官宦人家，有的来自民间百姓，大部分陈列在一个独一无二的木框玻璃托架上。照片中，我们可以看到 2011 年我为房子添置的大房间里陈列的部分藏品。

03
饮水思源

打开我的"记忆宫殿"之门，在穿越时空的走廊深处，有一所"房屋"封存着我与中国最初的联系与故事，那还是我的大学时代。

17岁时，我就读于艾奥瓦州埃姆斯市的艾奥瓦州立科技大学，之所以选择这所大学，是因为它距离我父母当时的家很近，而且费用很便宜。父母同意支付我的学费和其他教育费用，但我得去做各种兼职和假期工作来支付自己的生活费用。我父亲认为，这可以让我体会到教育与工作的价值。

还记得我听的第一堂课是"比较政治学"导论部分。那位教授是一位专门研究中国的访问学者，他给我们讲了有关"文化大革命"的内容与课程。我当时认为，消除阶级差异和消除农村和城市之间落差的思想也可以应用于美国。

我加入了革命学生军，像往常一样参加了许多反对美国政治和反对越南战争的非暴力示威活动。当时有一种说法是，如果你年轻时不是"左派"，你不可能成为一个正直与友好的人。

不管怎么说，人们经常问我，怎么会对中国和中文产生兴趣呢？答案很简单——"比较政治学"的第一堂课。当时尼克松刚刚访问了中国，这与我自己在美国的单调生活相去甚远，但这事儿似乎对世界历史和政治产生了重大影响。我一下子就被迷住了，直到现在，我仍然痴迷于此。

当时我还学习了"语言学"课程。中国的文字给我留下了难以置信的美好印象，每个字符都仿佛格式塔。这种文字起源于哪里，它又是如何应用与表达的？我很想探究。

由于艾奥瓦州立科技大学没有开设中国历史及汉语专业，我开始自学和阅读。

和许多年轻人一样，当时我与父亲的关系很紧张，似乎我所做的一切都不能让他满意，他总是在批评我。他最喜欢做的事情之一就是提醒我，他曾经是一名军人，如果我能去军队服役，我就会成为一个男人。

我知道他并不是真的想让我参军，但在某个周六晚上的一场大吵之后，他对我说："我为有你这样一个儿子感到羞耻。"那天晚上，我跑了出去和朋友们一起度过。当我第二天醒来时，我剃掉了胡子。等到周一一大早，我就去了当地的陆军征兵站应征入伍，这意味着我从大学三年级退学了。有些讽刺的是，我的反战立场看来并不很深刻或是很有原则。

加入军队后，我恢复了理智，但仍然表现出对中文的兴趣与爱好，这样在完成了基础训练之后，我被分配到美国国防部的一所语言学院学习中文，而不是接受步兵或其他"军事职业"的培训。有意思的是，回过头来看，父亲是对的：我幼稚的叛逆行为原本意在伤害父亲，它却给了我一个在军队中成长的机会，在那个环境之中，唯一重要的是自律和成就自己。

在这所语言学院，我每周五天全日制学习中文，持续了近两年。这意味着每天上课六个小时，每天晚上还有两小时的自习。我们所有的教官都是1949年新中国成立后离开中国的"老北京"。

由于我只是一名普通士兵，所以我的课程侧重于听力和理解，而不是听、说、读、写平衡的课程。在初步掌握了这门语言之后，我们主要通过所谓的快速录音课程进行测试，也就是必须在听完之后，立即翻译成英文写下来。

一开始，我要戴上耳机重复听好几次才能完整听写一个简短的中文句子，后来就变成了听写并翻译没有重复的整段中文。这门课程最初是由一位名叫罗伯特·萨普的语言学家开发的，我们所有的学生都认为，他一定是个魔鬼。

繁重的课程之余，我还继续自学中文写作。老师们知道后，我就成了他们的"宠儿"。费先生（Albert Fei）非常鼓励我学习中文，邀请我去家里品尝他做的中国菜，像是对待他从未有过的亲生儿子一样对待我。当年费先生的母亲刚到美国，因为不懂英语，她害怕出去购物。他告诉母亲，这很容易，只要记得告诉店员"好马吃"（How much），一切都会好起来的。

60多名学生和我一起上中文课，我们通常用中文数字来互相称呼，以提高理解能力。我是第49号，我永远也不会忘记，在我做着白日梦时，被叫起来回答问题："49号，49号，注意！"我也永远不会忘记，中国的一位高级领导到访我们教室的那一天，我十分好奇中国军人是如何学习英语的。

我们同学之中只有二十多人顺利毕业，其他人都考试不合格，被淘汰到其他军事专业，例如大多数人永远不会报名的迫击炮手或是厨师。我很自豪，能成为荣誉毕业生。

遗憾的是，无论我是不是荣誉毕业生，我

那时都属于军队，而我喜欢的军事情报工作是按姓氏字母顺序进行分配的。在我们完成了得克萨斯州补充语言课程后的一个傍晚，分配结果宣布了：我被派往位于"三八线"以南的韩国陆军第二师第329陆军安全特勤连担任朝鲜语工作人员。

日落之后，在得克萨斯州西部大草原军事基地废弃的跑道上，我坐下哭了起来。然后，我意识到不能违抗军令，就决心忍耐，成为我能够成为的最好的士兵。

在驻韩国的美军部队里，我必须遵守与其他人相同的日常生活守则。这意味着在黎明前进行集体早操，然后穿着战斗靴跑3英里。任何从跑步队形中掉队的人，都被要求在晚餐前再跑3英里。我从不掉队，并且准时、不折不扣地完成命令。由于表现优秀，我被选入美国第八陆军士官学院（Eighth Army Non-Commissioned Officer Academy）学习，并提前晋升为中士。

这是一个为期五周的高强度集训，有大约200名学员参训，重点是掌握陆军法规、士兵技能和领导力。第一周之后，指挥官告诉我，很明显，我将获得学术荣誉毕业生，但我应该把目光放得更高，目标是获得领导力奖（Leadership Award），该奖项将由所有班级成员无记名投票选出。

我觉得没有人会投票给我，他却说道，士兵们想要一个聪明的领导者，因为聪明的领导者可以帮助他们在战争中活下去。他进一步解释说，领导者需要表现出自己与战友的共同点，并赢得他们的尊重和信任。领导者也永远不必妥协自己的正直和自尊，他敦促我思考这一点，并在未来加以应用。

好吧，不知怎么做到的，最终我真的获得了领导力奖，并得到一把佩剑，可以匹配我已拥有的蓝色礼服。毕业典礼上，我发表了演讲，我向同学、学院工作人员和长官表示感谢。用中文的说法就是："吃水不忘挖井人（饮水思源）。"

在美国陆军服役的四年里，还
有很多其他奇遇，也学到很多
经验——这能让我另写一本完
整的回忆录。在服役快要结束
时，我被邀请到西点军校完成
大学学业，成为一名职业军官。
但我心里不愿一直当兵，而想
继续学习中文和政治学，从事
普通职业。中国民间有一句俗
话说：好铁不打钉，好男不当
兵。虽然我之后的经验是，我
在美国和中国遇到的一些最出
色、最优秀、最爱好和平的人
都曾经是军人，我也从不后悔
曾经为我的国家和军队服务。

Fit to Fight

When Sgt. James H. Spear
took a college class in political
science, he did not realize that
it would lead to a life-long in-
terest in Chinese.

"I had this political science
professor at Iowa State who'd
studied for several years in
mainland China," Spear ex-
plained. "Outside of class I
started informally studying
with him and out of my inter-
est in Chinese politics, I became
interested in the Chinese lang-
uage."

The 22-year-old Electronic
Warfare Team Chief is especi-
ally interested in t h e writing
aspect of Chinese.

"Chinese characters are like
mathematical formulas," he
said. "Everything is so beauti-
fully organized. The language
has no person, adjective, num-
ber, tense, preposition, or punc-
tuation. Despite all these ap-
parent difficulties, it h a s its
own mechanisms that make it
work as well as English."

There are 40,000 distinctly
different Chinese characters,
and there are around 6,000 in
everyday usage. A person needs
to know between 2,500 and 3,-
000 in order to be literate by
Chinese standards. Spear says
that he knows about 2,000 Chi-
nese characters.

"In 20 or 30 years," he pre-
dicted, "I'll be g o o d in Chi-
nese."

"Good", that is, by his stand-
ards. The Army gave him the
hightest possible student rating
after his graduation from the
Defense Language Institute at

Presidio, California. He feels
that he still has a lifetime of
study ahead of him.

The high standards he sets
for himself in his Chinese stu-
dies are due to the fact that
Spear s e e s learning a second
language as a growing process.

"It really stretches your
mind," he said. "The second
language is what psychologists
say is the hardest to learn be-
cause imprinted on your mind
are all the rules of your native
language. You have to make a
real effort to think in a way
that's completely foreign to
you, but in so doing you gain
understanding."

Although he is not working
in his MOS because of the lack
of a linguist slot in the Army
Security Agency, Spear is still
"giving my job 100 per cent."
He has this positive attitude be-
cause he says he feels he owes
the Army that for giving him
a language education worth 30
to 40 thousand dollars.

"I'm a soldier first," he point-
ed out, "and an expert second."

上　我参军时的报道。

下　我在美国部队入伍时的合影。

04
一见钟情

1980年2月离开军队时，父亲意识到我喜欢中国并喜欢与中国人打交道，所以他努力赢得了一份合同——为北京和抚顺的石油化工研究所及工厂提供自动化控制系统。他请我担任项目工程师，在接下来的六个月里，我的实际工作是为一个由七名中国工程师组成的代表团担任翻译、司机和助手，这些工程师在我离开军队时就曾来到我父亲设在洛杉矶附近的公司考察。

我帮他们租了一套公寓，每周带他们去超市购物，每天开车送他们上下班，组织他们参观了六家工厂的生产流程、自动化节点和控制规范。周末我则安排他们去迪士尼乐园、亚利桑那州大峡谷等地方游玩，向他们介绍我的国家美国。

他们不太会说英语，我也不太会说中文，但我们一起互相学习。几乎每天午饭后，我都会教他们非正式的英语，他们则不断纠正我的中文。他们还多次邀请我去公寓吃中餐，教我包饺子等。有一天晚上，我鼓起勇气吃了一个"千年蛋"（松花蛋），还好，这种外观独特的食物味道确实不错。

1980年，我与中国工程师在一起。

那时候，我还没有一个完整的中文名字。在语言学院上课的第一天，我们被分配了中文名字。我的是Si-pi-er，但我确信这不可能是一个真正的中文名字。（很久以后我才发现，它的发音实际上与pi-yan很接近，所以我更加庆幸没有保留这个名字。）

我自己去《新华字典》里找以S作为首个拼音字母的中文姓氏，选择了萨（Sa），但我当时不知道它还可以组成"菩萨"一词。中国同事们亲切地称我为小萨，但我真的很想要一个完整的名字，而且我认为单字名更现代、更时尚，所以我请他们帮忙选一个适合的字作为名字。

他们同意了，但他们需要时间思考和研究，大约一周之后，代表团团长张先生在午餐时告诉我，他们无法就这个字达成一致，但可以提出两个字，由我自己选择。这两个字分别是表示海洋的"洋"和表示太阳的"阳"。我再次查阅了《新华字典》，获知"洋"也意味着外国和现代化，我认为这完美地描述了我。我并不知道，这个字其实也是"洋鬼子"的一部分。

这就是40多年前，我成为"洋菩萨"的故事。

有一次，我陪同中国工程师参加与加州联合石油公司首席执行官（CEO）的会面，会议结束后，那个CEO在走出去吃午饭的途中和我聊天，夸我做得很好，问我是哪个大学毕业的。我回答"大学没有毕业"之后，他明显感觉有些失望。

幸运的是，在美国可以第二次上大学。于是我申请了加州大学伯克利分校，并在那一年秋天顺利被录取。为什么选择加州大学伯克利分校呢？首先，我父亲就是在那里上的大学，学习的化学。对于拥有退伍军人津贴的我来说，伯克利分校是一所公立学校，学费很少。无论如何，我更信任公立教育机构而不是私立学校，当然，我也认为加州大学伯克利分校是美国最好的大学之一。

为什么伯克利选择我呢？前一次大学生涯的三年，我一直是一个非常不安定和不守纪律的学生，喜欢的课程我能取得优异成绩，我不喜欢的课程或者早上太早的课程我就逃课，最后免不了挂科。幸运的是，我的考试成绩非常好，同时，我还写了一封自荐信，这肯定感动了招生官，让我在这所竞争激烈的大学有了第二次学习机会。

虽然我的专业是政治学，但我继续学习中文，从三年级的课程开始，以鲁迅和其他中国现代作家的小说为学习文本。试想一下，之前我只学过教科书上的简单字句，突然被扔进真正的长篇文学作品中是什么感觉？我不得不用中文写论文和完成测试，那是计算机普及之前的时代，我非常努力地学习，各科成绩也不错。

但是，不久之后我了解到美国退伍军人管理局有一个计划，通过支付私人教师的费用来帮助那些课程有可能不及格的退役军人。哇，私人教师？我竟然恬不知耻地找到萨姆·张（Sam Cheung）教授，请他签署了一份表格，证明我的中文课不及格，这样政府就会给我请一个私人教师。非常幸运，他同意了，他的那个签名，改变了我的一生。

我们的助教，一位名叫乔恩·科沃利斯（Jon Kowallis）的研究生，推荐了一位私人教师——唐亮给我，她是1979年中美建交后，第一批来美国的中国留学生之一。助教在加州大学伯克利分校一家中餐馆认识了兼职做服务员的她。在写这本书时，我和唐亮已经结婚42年了，她是我一生的伴侣，为我所有的事业都做出了巨大贡献。

请不要把我中文口语的失败归咎于老师。虽然我后来在伯克利上了很多的课，包括一门阅读中国古典小说的研究生课程，但恐怕我的中文口音仍然有点奇怪。正如那句老话，"天不怕，地不怕，就怕洋鬼子说中国话"。

几年后我们搬到了中国，一天晚上我下班回家后向唐亮吹嘘，那天我遇到一位客户，他称赞了我的中文："萨洋先生，你的中文讲得真好，而且有一点山东口音。"唐亮笑我："你太傻了，居然不知道他在讽刺你，山东口音就是说你的语调很奇怪。"

再说说在伯克利的日子，唐亮是一个非常美丽的女子，她的笑容会融化男人的心。第一天她来我的公寓辅导中文，就拿出纸和笔做记录。她坐在客厅一角的椅子上，让我坐在房间的另一边。同时要求直接用中文交谈，以评估我的口语水平。

我一开口，她就开始记录我的错误。更糟糕的是，她笑话我，不是因为我说的话好笑，而是因为我的中文口语实在太差了。那一刻，我就知道唐亮正是我要寻找的女人。她怎么能嘲笑那个每小时付给她7美元的傻瓜呢？

我多次邀她一起出去玩，她总是坚持公事公办说："我们是师生关系，这就可以了。"

怎么才能浪漫地引起她的注意呢？我杜撰了一个故事，说我父亲将在旧金山为一群来自中国的客人举办一场宴会，他委托我品尝当地中国餐馆的中国菜如何，费用由他公司承担，要挑选出其中最好的。我告诉唐亮，这是一项不可能完成的任务，因为我一个外国人，怎么可能去评判中国菜呢？所以我迫切需要她的帮助。

由于这只是一项工作，她欣然同意了。接下来几个月，我们每周能一起吃几次美味的中国菜。我用信用卡支付了所有花费，当然父亲从未给我报销过，以至于后来我在信用卡债务方面遇到了一点儿麻烦（那是我最后一次没有全额还清信用卡账款），但这是值得的，因为唐亮和我就此成了朋友。

通往唐亮心灵的通道仍然是通过她的胃。

一个星期六的下午，我邀请唐亮和我一起去旧金山北滩的经典Beatnik酒吧维苏威（Vesuvio's）喝一杯，这家酒吧离她与一群台湾女孩合租的公寓不远（这应该是唐亮要讲的另一个故事的一部分）。

喝了一两杯酒后，我们俩都很放松。她用中文向我倾诉心声，我则用英语向她表达爱慕。这让人既紧张又有趣。

在那不久之后，我说服她星期六来我的公寓，让我为她做葡萄酒奶油蘑菇鸡肉。我得说这真是一道好菜，后来我在想让唐亮高兴时，依然会秀出这道菜。

晚饭后，我们走进客厅，坐在壁炉前的柔软地毯上。我以为时机已经成熟了，天真地以为她是来自纯朴大陆的天真少女。我问道："我可以亲吻你吗？"她眉眼弯弯地笑着说："现在不行，以后有可能。"

我真是个彻头彻尾的傻瓜。但是之后我再没有问过这个问题，我们最终结婚了，并且有了两个孩子。

05
良缘夙缔

1981 年的春天，我申请了由美国国际教育交流中心赞助的北京大学暑期语言课程，竟然被录取了。由于没有足够的学费，我向父母寻求帮助，却遭到拒绝，他们认为我在中国度过一个夏天，会分散我在学业上的注意力。

得知此事后，唐亮借给了我 900 美元，另一个朋友斯图尔特·沃克斯（Stewart Wachs）则在夏天租了我的公寓，作为他临时的写作之所，我因此获得了一笔租金。真是幸运，没有他们，我不可能在那个夏天来到北京大学。

我们一群学生在旧金山与即将成为此项课程顾问、来自密歇根州的詹姆斯·迪乌（James Dew）教授会合，搭乘泛美航空公司飞往东京的航班，并在香港转机，我们被教导如何在中国正确行事。我偷偷在机场免税店买了酒，准备在飞行途中喝。我遇到了另一个叛逆的学生，一个傲慢的澳大利亚人。后来我们在北大合住一个房间，并成为终生的朋友。他的名字叫齐慕实（Timothy Cheek），如今是加拿大大不列颠哥伦比亚大学受人尊敬的中国史教授，这与他当年和我一样的叛逆者形象相去甚远。

抵达北京的那一刻，我就觉得仿佛到了真正属于自己的地方。唐亮后来开玩笑说："你前世一定是中国人。"但我从没有假装自己是中国人，因为我是一个自豪的美国公民，只是非常尊重中国人民和中国文化。在人类历史大部分时间里，中国这个延续时间最长的国家，一直是世界上最文明、最先进的国家。而且在过去 40 多年里，中国也重新回到了自己应有的地位，每个人都可以在这里学到很多东西。

1981 年 7 月，我在北大的课堂上。

唐亮和姑妈、姑父。

我并不是说，中国就是完美的。在人类历史中，或许没有什么是完美的。就像我认为的，日本的"侘寂"美学影响了我的建筑和设计方法，可是"侘寂"并不是完美之美，虽然很美丽，值得欣赏和分析，但也可以修正与改进。

现在我已是一个老人，世界仍然动荡不安。多年前读的鲁迅文章，仍然可以安慰人："希望是本无所谓有，无所谓无的。这正如地上的路，其实地上本没有路，走的人多了，也便成了路。"

20世纪80年代初，北大作为一所伟大的学府再次活跃起来。那是北大勺园建成前的日子，我们留学生住在南门内的25号楼。每天早上，校园里的喇叭都会响起广播体操音乐，学生们统一进行练习，这真让人想起军队的生活。

在北大，分管我们的老师叫陈如，从那以后我们一直保持联系。那时的中关村，给人感觉就像一个偏僻的村庄，而不是如今的中国"硅谷"。不远处的友谊宾馆居然有冰镇啤酒，这在当时是很少见的。

唐亮写信向她的家人和朋友介绍我（当时我还只是她的学生），所以与其他同学不同，我拥有一个中国本土的接待网络，他们不遗余力地招待我，让我收获非凡。也许将来有机会，可以多讲一讲1981年我在北大读书时不可思议的冒险经历。

我的岳父唐恺，是一位老革命。

在中国度过了短暂的暑假后，我回到伯克利，继续追求唐亮。一次又一次地请求她嫁给我，但她总是说："不，这是不可能的。"

唐亮是在她父亲的妹妹与妹夫（她的姑妈与姑父）支持下，才得以来到美国。他们抚养了五个孩子，但仍然想给唐亮一个在美国接受教育的机会。我知道他们对唐亮来说很重要，所以几乎每个周末，我都会开着一辆亮黄色的本田思域（我在军队期间购买的），向北开车一个多小时去瓦列霍看望他们，每次也都会在奥克兰的唐人街停留，买些中国美食带去分享。

或许你可以想象，唐亮第一次带着我出现在他们家门口时是多么奇怪，一个大鼻子美国男人，而不是他们想介绍给她的那种华裔美国人。当然，他们非常有礼貌，给我倒啤酒，客客气气的。但每当我们离开时，他们似乎总有点松了一口气的感觉。

渐渐地，姑妈和姑父似乎接受了这样的事实：我不会从唐亮的生活中消失，也不会从他们的眼中消失。有一天，姑妈把一本购物图录放到我面前，翻到有订婚钻戒的页面。她没学过多少英语，因为忙于操持家庭和抚养五个孩子，所以她只是指着一枚戒指说："这枚便宜，你送给唐亮。"

到这时，我获得了唐亮家人的初步认可，我想只要能得到唐亮父母和我父母的祝福，她就不能再拒绝我的求婚了。但这是一个又大又难的问题，因为当时中国人和外国人结婚极其罕见。那时在中国，跨国婚姻通常需要政府特别许可；在加利福尼亚，种族主义留下了不良的影响，一直到20世纪40年代后期，美国亚裔和白人才可以合法结婚，我不确定父母是否会同意。

事后看，我的担心是多余的。我用中文给唐亮的父亲唐恺写了一封长信，请求他同意我们结婚（我想唐亮应该还收藏着那封信以及她20世纪80年代的情书宝库）。他回信给予了祝福，尽管他提醒我们，鉴于生活背景的巨大差异，我们将可能面临比大多数年轻夫妇更多的困难。

唐亮的父亲是一位老革命，20世纪30年代曾去法国学习。到了20世纪90年代，我们在一次家庭旅行中经过巴黎，他甚至透露了当年曾有过一个法国女友。那是一个下雨天，他在路易十四出生的圣日耳曼昂莱城堡公园凉亭里，用法语吟诵了写给那位少女的诗，这让我们感到十分震惊。

后来他离开了法国，回到中国参加革命、抗日、建设新中国。我想当他的女儿来到美国然后嫁给一个美国人时，他的一些同志可能会批评他，但他是一个固执、骄傲、慈爱的父亲，从不抱怨。

回过头来说我父亲，他很欣赏唐亮，并在洛杉矶为我们举办了一场订婚派对。我母亲也表示同意，她从首饰盒里拿出了当年我父亲送给她的一枚碎钻戒指交给我，让我把它戴在唐亮优雅的手指上。

1982年2月24日，在伯克利一位市政法官的见证下，我和唐亮结婚了。第二个周六的下午，我们举行仪式并宴请亲朋好友。唐亮姑妈送给唐亮一件可爱的婚纱和一串珍珠，两家人都帮忙支付餐饮费用。之后，我们开着那辆旧思域，在大苏尔（Big Sur）的河畔旅馆（River Inn）短暂度假，周二早上就赶回学校上课了。唐亮回旧金山州立大学，而我回加州大学伯克利分校。

上　1982年2月24日，星期三，我们在伯克利法官的见证下正式结婚。

中　下一个周六，我们在公寓里举行了婚礼和招待会，宴请了亲朋好友。这是当时的结婚照。

下　我给唐亮戴上了结婚戒指。

06
曲折新生

1982 年春天，我即将大学毕业，准备申请加州大学的法学院，以便在秋季继续学习。困扰我的事情又重演了，尽管在法学院入学考试（LSAT）中我得分很高，尽管我在伯克利的两年里取得了 A 和 A⁺ 的完美成绩，我还是被学校拒绝了。这种拒绝迫使我的人生轨迹发生了根本性的变化。

那时我新婚不久，大学刚刚毕业，没有工作，该怎么办？在伯克利读本科时，罗伯特·A. 斯卡拉皮诺（Robert A. Scalapino）和查默斯·约翰逊（Chalmers Johnson）教授一直帮助我，所以我找他们诉说了困境。他们建议我 9 月去读政治学研究生。可当时申请为时已晚，我甚至没有参加研究生入学考试（GRE）。他们建议我预约拜访研究生院的沙克院长，并答应向他解释我的情况。

时间过去了这么多年，当时的经历我仍然记忆犹新，当我被助手带到沙克院长面前时，他让我坐下来，告诉他我想要什么。我其实被吓坏了，支支吾吾说了几分钟，然后他挥了挥手打断我："所以，萨洋先生，让我总结一下。你希望今年秋季学年政治学系增加一个研究生名额，让你有机会来填补，即使你从未申请过，也没有参加GRE。这是要点对吗？"

我咽了咽口水说："是的，先生。"他狠狠地瞪了我一眼，说道："好吧，我会考虑这件事。"

不知道这一切是怎么发生的，但我知道斯卡拉皮诺教授和约翰逊教授一定施展了什么魔法。我意识到这种打破常规和程序的录取方式应该是非常罕见的，但在某些情况下，院长与两位教授可能有一些破格录取的路径，我很感激能够成为受益者。

1985 年初，唐亮怀孕了，我们俩都感到意外和震惊，因为那时似乎还不是将另一个生命带到这个世界上最合适的时机。但在这个让我们倍感奇迹的爱的时刻，我们俩也同时意识到，正确的做法是迎接和培育这个新生命。

年轻、健康但贫穷的我们，此时犯了一个愚蠢的错误，没有去购买包括怀孕、分娩以及之后照顾婴儿的医护健康保险。我的父母再次帮助了我们，在加州大学旧金山分校医学中心购买了助产士、产前护理和分娩的固定费用套餐。他们还为我们支付了健康计划的保险费。

我们希望自然分娩，因此我们参加了奥克兰一对嬉皮士夫妇举办的拉玛兹顺产法分娩课程，他们的孩子天天在房子里乱跑。其他参加课程的人包括湾区社会的各个阶层群体，如一对女同性恋者、一位由朋友协助的单身母亲、一对黑人夫妇等。我们一起坐在地板上，做呼吸训练，学习按摩和指导我们的爱人。有一次，我们不得不谈论自己的梦境。我梦见唐亮生了一只小猫，但我一直没弄清楚这个梦的深层含义。

我们和女儿唐雯相遇了。

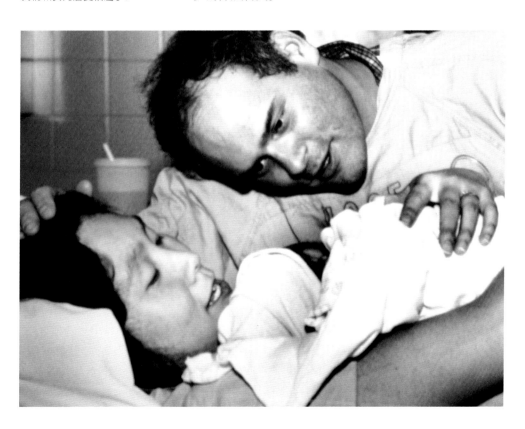

怀孕后，唐亮仍然在旧金山州立大学上课，并继续在亚洲语言系担任葛浩文（Howard Goldblatt，杨绛《干校六记》英文版的译者）教授的助理，一直工作到怀孕的第八个月月末。

可是孩子没有按时出生，助产士告诉我们一切正常，需要耐心等待。记得有一天在电影《回到未来》的日场放映中，唐亮的羊水破了，我们赶到医疗中心，但婴儿仍然没有顺利出生。最终经过五天断断续续的宫缩，医生决定使用催产素催产，我才得以在产房里与我们的大女儿相遇，她戴着一顶深色卷发的"皇冠"来到这个世界。

唐亮的父亲为我们的大女儿取了一个中文名字——唐雯，遵循他用天空现象为孩子取名的传统。唐亮的名字"亮"，通常是男人的名字，意为明月；她哥哥的名字是"星"；"雯"字的意思是美如花纹的云朵，中国人常常会联想到经典小说《红楼梦》中的晴雯。对于我们这个历经曲折与磨难才出生的大女儿来说，这是多么恰当的名字啊。

起初我还想，为什么唐雯不能像我一样姓萨，但这是我曾经在《光明日报》上发表的一篇文章中讲述的另一个故事，有兴趣的读者或许可以从网上检索到。当然，唐雯的英文名字随我姓，中文名字随唐亮姓，也可以称得上两全其美。

说回 1985 年，我们真的很幸运，父母帮我们支付了医疗保险费用。世界上最富有和最先进的国家，并没有为其人民提供全民医疗作为一项基本人权。即便后来有了奥巴马的医疗改革，但仍有数百万人被这个体系抛弃。美国的人均医疗保健支出比许多国家和地区都多，但人均预期寿命却在下降。

在右翼知识分子的误导下，一些富人和缺乏社会意识的人认为，大多数穷人之所以穷，是因为他们懒惰和愚蠢，提供免费医疗是"社会主义"的做法，这似乎是一个意识形态问题。在我看来，这种观点是对"美国梦"的可耻歪曲。

我将美国的情况与世界上其他大多数国家和地区的情况进行了对比，在大多数地方，医疗保健被视为一项人权。虽然没有一个国家和地区拥有完善的医疗保健服务系统，但总的来说，在经济条件允许的情况下，医疗保健的覆盖面会得到不断扩大和改善，这是中国正在发生的事情。正如我所说，美国可以从中国学到很多东西。

女儿唐雯出生后，我开始思考作为研究生的前途。尽管我的导师们在研究和教学方面都慷慨而持续地为我提供助学金，但我们仍然生活在贫困的边缘。我能够坚持到获得博士学位吗？即便如此，不还是要去找工作吗？

我在研究生院非常努力地学习，尽管我算得上聪明（为了记录成绩，我参加GRE，获得了满分800分），但我对自己能否成为我心目中的伟大学者缺乏信心。或许我可以在大学任教或成为一名政策分析师，但这些选择似乎也不适合我。

最重要的是，我逐渐意识到一个问题，大多数外国学者待在图书馆里远程研究中国，为何不是前往中国成为参与者、亲历者呢？我想将研究理论付诸实际行动，从内部观察中国的发展。那一阵子，我每天独自一人坐在位于巴罗斯大厅没有窗户的办公室里，沉思此事而不是学习书本。

于是，某一天下午，我从校园走回我们的小公寓（一座二战时期遗留下来的木制营房），我和唐亮认真讨论了我们的未来。我告诉她，我想放弃博士学业，然后和她举家搬到中国去。

长话短说，唐亮竟然同意了。现在，我们必须找到一份可以前往中国并且长期派驻中国的工作。

07
好事多磨

1985 年前后，从美国派驻到北京工作的机会并不多。我们被介绍给沈坚白（C.B. Sung）和郭志娴（Beulah Sung），他们是美籍华人，也是中国改革开放之后从美国前往中国进行投资和贸易的先驱。他们经营着位于旧金山附近的投资、咨询和贸易公司——友升国际公司（Unison International，以下简称友升），并且在北京饭店设有办事处。友升是第一家中美合资企业——长城饭店（由喜来登管理）的投资者。1986 年 1 月，沈坚白和郭志娴决定聘请我和唐亮担任项目经理，并将我们随后派驻到北京。再一次，正如中国人所说的"贵人相助"，他们在我们找工作的历程中给予了重要帮助。

接下来，我必须告诉导师，我要退学并搬去中国生活。斯卡拉皮诺教授对我有些失望，但约翰逊教授理解并鼓励我。约翰逊教授后来成了美国帝国主义的批评者，并于 2001 年春季出版了《反弹》一书，该书甚至预言了类似"9·11"这样的恐怖袭击。约翰逊教授去世后，他的妻子希拉（现在也已经过世）赠送给了我一套教授珍藏的中华民国时期刻字铭文的锡制酒杯。当我写下这些文字时，那些锡杯就在我身旁的架子上，成为我"记忆宫殿"里的一个重要坐标，也让我对教授卓越的智慧和品格感怀不已。

当然，我也告诉了父母。但我的父母对我们将要放弃美国生活，把他们唯一的孙女带到并不信仰上帝的中国去的消息大为震惊和不解，这导致随后数年我与父母关系相当紧张。

当初我和唐亮结婚时，我母亲就希望唐亮按照美国人的习惯，改姓斯皮尔（Spear），但唐亮不愿意。为此我母亲很不高兴，来来回回争执了好几次，直到后来我赌气和母亲说："如果您再要求唐亮改姓，我就改姓唐。"她才善罢甘休。

这次我们又决定去中国，大女儿才刚刚出生不久，我母亲更是坚决反对，说唐亮这是要偷走她的儿子和孙女了，她要去起诉，哪怕官司一直打到最高法院，也要留下对孙女的抚养权。我向母亲反复解释，这是我自己做出的决定，与唐亮无关。她又说，如果我们真去了中国，就要与我断绝母子关系，她向上帝发誓！幸好，妈妈，世上并没有上帝。

同样幸好的是，几年后我的父母终于来北京探望我们了，这个问题也随之迎刃而解。我甚至还记得，母亲进入我们在北京的公寓后，冲过去拥抱小唐雯，这个蹒跚学步的小女孩吓得转头跑进她中国保姆的怀抱，她叫保姆"奶奶"。小唐雯问："奶奶，那个大鼻子是谁？"母亲则问我，小唐雯在说什么，但我不敢翻译。关于这个细节，我从来没有告诉过母亲，我希望她不要读到这本书。

只要有爱，一切矛盾皆可以化解，就像我母亲后来每年都会来中国住上一阵子，她也爱上了中国。

不管怎样，1986 年 1 月，我们开始为友升工作。当月第一次出差，我就被派往北京进行商务谈判。那次会谈的地点是北京的二里沟，与中国技术进出口总公司进行合同磋商，陪同我的还有一位当地助理（实际上当时他比我懂得更多）。我们和中方团队度过了一个毫无结果的上午，之后他们都礼貌地送客到门口，我不断说"让步""让步"，其实我想说的是，不必送我们到门口。哈哈哈，那时我还没掌握正确的中文说法，那会应该说"留步"。

那一次到中国出差，公司安排我住在北京金鱼胡同附近的和平饭店，距离我们位于北京饭店新侧楼 17 层的办公室不远，可以步行。那是我记忆犹新的老北京：寒冷的冬日，灰蒙蒙的天空，空气中有微微刺鼻的煤烟味，还有鸽群在天空中飞来飞去，发出一种特异的鸽哨声。

一个月之后，我独自带着小唐雯，再次飞往北京，开始正式派驻北京的工作与生活。我的岳母王国华女士设法在我下飞机之前登上了机舱，抢着从我手中抱起了小唐雯（这

么多年来，她真是个了不起的外祖母）。唐亮则仍留在美国加州，等待她的身份证办理手续通过，几个月后才回到北京与我们团聚。

在我们搬到慕田峪定居之前，关于我在中国的职业生涯，还有很多故事可讲：从友升开始，到建立我们自己的贸易公司 Pacific Solutions Incorporated（PSI），再到创立精品葡萄酒进口分销商 ASC，最后在李碧菁（Roberta Lipson）的医疗设备公司美中互利公司（Chindex）工作了 10 年，她开办了中国第一家外资医疗机构——北京和睦家医院。但在这里，我只选择一个故事，在我看来，它集中体现了中国的变化。

我在友升的早期客户是太阳微系统（Sun Microsystems）公司，这是一家硅谷的设计系统制造商。

由于我负责制订营销计划并推动销售，因此我们策划了一场"路演"，从北京开始，到上海结束。其中一站是位于济南的山东大学。

当我们来到山东大学时，看到大学生们都在集体搬椅子。问他们具体的原因，我被告知，学校的资源非常有限，所以每个大学生在入学时都分配了一把椅子，供他/她在整个大学期间使用，所以这一把椅子会随着学生们移动，从宿舍到食堂，从食堂再到教室。

这让我发自内心地感叹，那时中国经济发展所处的起点是多么的低。我们当中又有谁能够想到，在不到 40 年的时间里，中国会发展成为世界上经济规模最大的国家之一？

站在主卧的卫生间，也能欣赏到琉璃瓦外墙和不断变化的树叶、天空以及远山。

08
花开二朵

作为外籍人士，我们不受中国当时"计划生育"政策的约束。该政策显然改变了当代中国的人口结构，并产生了许多社会和经济层面的影响。因此，我们决定，在北京定居下来并获得稳定收入后，给唐雯再添一个兄弟姐妹，这样我们的小家庭将变得更为完整。

20世纪80年代，居住在北京的外国人，包括外交官和外籍商界人士，主要通过北京协和医院寻求医疗服务，该机构最初是由洛克菲勒基金会在1921年创办的。

在1997年美中互利公司成立北京和睦家医院之前，我们全家人也都在协和医院看医生。尤其是我们搬入东城区离协和医院不远的四合院之后，有一次岳父来我们家做客，突发急病，我在救护车上无助地看着他的眼神逐渐暗淡下去。但协和医院（也是当时距离最近的医院）的急救团队在他停止呼吸后，竟然神奇般地把他救了回来。

也因为如此，唐亮没有选择出国去生第二个孩子，而是决定信任北京协和医院。毕竟，协和医院可以称得上中国最好的医院了。北京协和医院是唐亮1987年10月30日中午出现分娩迹象后，第一时间前往的地方。

那时候还没有手机，所以我留下了当天会谈单位的电话号码，以备不时之需。下午，我在海淀与柳传志开会时，他的一个助手告诉我，需要我回电话给办公室。我才得知唐亮已经开始有分娩迹象，正在去协和医院的路上。与柳先生的会议对我非常重要，同时我想起唐雯出生可是花了5天时间，所以我决定在结束会议之后再赶去医院。

当我在下午5点左右赶到协和医院产房时，唐亮已经开指了10厘米，但在我到达之前，她一直拒绝进入产房。医护人员匆忙地给我穿上无菌衣、戴上口罩，这样我就成了协和医院历史上第一批在场陪同妻子分娩的丈夫之一。

一上产床，唐亮就开始尖叫。负责唐亮生产的医生对此没有太多耐心，她告诉唐亮，就在一个小时前，一位大使的

1988 年春，我们和两个女儿。

夫人顺利地生下了她的第十个孩子，所以唐亮不应该这么大呼小叫。如果唐亮无法控制自己，她就会束手无策，只能坐在角落里，让唐亮自己生孩子。

唐亮攥着我的手，抬头看着我，眼神中带着恐惧，恳求说："萨洋，求求你带我离开这里！"而我所能做的就是说："我爱你，现在，用力！"不多久，二女儿唐洋冒出来了，连着脐带顺着身下延伸的不锈钢板滑行，直到她快要掉到地上时，才被医生接住。

我必须说，那是一次真正的、顺利的自然分娩。

我的父母一直希望能有一个孙子，而不是多一个孙女。的确，从传统上，大多数美国家庭也和大多数中国家庭一样，都希望能有儿子传宗接代。但是，我漫长的父系血脉，终归在我这一代走到了尽头。

唐亮决定让我们的二女儿以我的中文名字"洋"来命名（唐洋），弥补我没有得到一个男孩继承人的遗憾。当然，如今这种旧思想在中国也快消失了，这难道不是一件好事吗？

唐亮和我都是旅行狂，渴望着不断体验新的地方和文化。工作稳定后，我们就开始在中国国内和世界各地旅行。等到我们的孩子长大到可以享受旅行的年龄，大部分时候，我们都会带她们一起去。

我们的第一次国际旅行是 1988 年去新西兰，这是我第一次像美国人说的在错误的方向上开车（新西兰为英式的"右舵左行"，美国则和中国一样是"左舵右行"）。我们的两个女孩和姥爷、姥姥、保姆以及唐亮哥哥唐星送给女孩们的宠物兔子则都留在家里。

兔子的名字叫罗宾逊，它贪婪地吞噬了我家玻璃阳台上的所有植物，还把粪便弄得公寓里到处都是。只因为女孩们喜欢它，我才不得不容忍。但我们尽心尽力的保姆史女士很讨厌它，因为必须时常照顾它，清理它带来的种种脏乱。

当我们在世界的边缘待了几周后，回到北京家里时。我拥抱了女孩们，然后呼唤罗宾逊，但它没有过来。我问唐雯，罗宾逊在哪里？她回答说："我们吃了它，很好吃。"后来唐雯否认曾经说过这句话，但事实就是，我们一去机场，保姆就让她的丈夫杀了兔子，肉炖好之后，每个人都大快朵颐。

下一次国际旅行，是 1989 年春天的巴黎之旅。我一生都梦想着去巴黎，唐亮也是如此，因为她父亲唐恺年轻时曾留法，对法国文化、语言、美食、奶酪、葡萄酒和咖啡充满热爱，这对唐亮产生了潜移默化的影响。

事实上，唐亮从小就跟着父亲学习法语。虽然我当之无愧地是自己大部分故事的主角，但还是忍不住要分享这个关于唐亮的故事。我原以为，我们在法国旅行会很容易，因为唐亮会说法语嘛。但是当我们到达戴高乐机场乘坐出租车时，我让唐亮用法语告诉司机目的地酒店。她却用完美的口音说："Parlez-vous anglais？"（你会说英语吗？）

这些年来，我们多次去到法国，但我们俩仍然在使用法语的问题上挣扎。

1989 年 12 月的圣诞节，我们带两个孩子回美国探亲。飞往旧金山的国航 981 班机要先在上海经停，通常飞行时间不过两个小时。大约三个小时后，我们仍然没有降落在上海。那天我们出发得太早，唐亮和孩子们都在打瞌睡，浑然不觉。我注意到飞机内似乎异常安静，于是按下了呼叫空姐的按钮，过了一会儿，一个空姐来到我身边，我问为什么还没到达上海。这位美丽的小姐只是笑了笑对我说："抱紧你的孩子。"

老天！那一天我还以为要死了。虽然我们并没有死，但那真是漫长而痛苦的一天，我们饥肠辘辘，孩子们哭闹不止。最后，我们在午夜时分才抵达日本福冈，事后还接受了媒体采访。原来，我们的航班被一名中国公民劫持了，他被指控挪用公款，想带着他的妻子和儿子逃往当时还未与中国建交的韩国。

我们的幸存得归功于国航机组人员的理智与勇敢，也要感谢飞机在海上盘旋，燃料耗尽之前，日本政府允许飞机降落在日本。对于此次国航 981 航班的劫机事件，感兴趣的读者可以在网上查到非常详尽的资料，但我想补充一些后续的故事。

1990 年，一位日本人权律师联系我，他负责为劫机者做辩护，反对将劫机者引渡回中国接受审判。这位律师希望我前往日本帮助劫机者做证，证明当时劫机逃离中国是情有可原的，而如果劫机者被遣返中国，他可能会受到虐待或杀害。

我立即答复律师，我很乐意去日本做证，支持法庭把这个自私的、危及数百人生命（包括我完全无辜的孩子们）的恐怖分子送回中国。

当然，我再也没有收到那位日本人权律师的消息，最终劫机者被引渡回到中国接受公正的定罪及惩罚。

这是唐恺在巴黎学习建筑时居住的另一个地方。

09
安家落户

回到几十年前，当时大多数外籍人士会认为，去中国工作和生活是一场"艰苦"之旅。在一个基础设施不够完善和生活条件不够舒适的地方，在法律制度不健全、执行不严的环境下，做生意可谓错综复杂。只有外交官似乎在中国过着不错的生活，偶尔还拥有让人嫉妒的外交特权。

那时外国商界人士圈子里，还常常流传一些杜撰的笑话，用来说明某些倒霉的老外是如何在中国被逼疯的。这里我记录了几段趣闻轶事，从字里行间我们都可以感受到那个时代的气息。

"你听说那个驻北京的法国公司经理疯了吗？他花了几个月的时间洽谈合同，当一切都确定之后，他的老板从巴黎赶来参加签字仪式。不过等待老板的不是签字仪式，而是为期三天的重新谈判，最终合同也没签订。经理垂头丧气地陪着老板去机场，但一名中方代表在登机处拦住他们，要求他们返回市中心，再次尝试解决剩下的分歧。可惜谈判仍然失败。这位经理最后一次被人看到，是在广场上脱下衣服，赤身裸体地跑来跑去。"

"你听说了那位美国外交官妻子的事情吗？她来华接受培训时被告知，如果发生了交通事故，应该立即离开现场，直接开车回到大使馆。有一天，她开车外出，意外撞到一个男人，男人翻倒在她的汽车引擎盖上。她匆匆忙忙地开车赶回大使馆，那个被撞的男人则一直趴在引擎盖上，以免摔下来被汽车碾压。"

再来说几个真实的故事，我的第一位雇主沈坚白先生曾出版过梁思成创作于20世纪30年代的麻省理工学院版本的建筑图纸。作为一名设计师，我一直珍藏着这本书以及梁思成先生创作的其他作品。在学校的图书馆里，我还了解到梁思成的父亲，是晚清著名的改革家和思想家梁启超。

虽然我到北京工作时，梁思成先生已经去世。但通过沈坚白先生和我们公司的工作，我与当时在中国航天部担任总工程师、梁思成的弟弟梁思礼见过几次面。梁思礼先生曾在美国普渡大学接受过工程师训练，1949 年后回到中国为人民服务。对我来说，能够真实接触到这个家庭的成员，并且看到持续一个世纪的爱国主义家庭薪火相传，十分震撼。

由于唐亮曾经赴美留学，因此她受邀加入了欧美同学会。这个著名的组织就设在长安街以北、故宫以东的一个非常漂亮的四合院里。作为唐亮的伴侣，我曾多次和她一同在那个美丽的院子里出席招待会。后来，我们有了自己的事业，为了表达对唐亮父亲的敬意，我们也向老促会（中国老区建设促进会）捐款，用于支持仍然生活在共产党人曾奋战过的偏远、贫穷的革命老区的人们。

1993 年 10 月 23 日，在人民大会堂举行的欧美同学会成立 80 周年庆祝大会上，我和唐亮非常荣幸地坐在时任国家主席江泽民身后的主席台上。当耀眼的灯光完全亮起时，我看到人群中有人正指着我。因为我是主席台上唯一的外国人，我相信人们会很奇怪，那个外国人为什么坐在那里？我当时也在想着同样的问题。

友升国际公司的工作为我们提供了一些典型的外籍人士福利，包括定期去香港度假，每年回美国探亲等。住房福利方面，则能让我们住进舒适的酒店套房，或是符合国际标准、专为外国人建造装修的公寓住宅。但我们希望找到自己能够负担得起且可以融入当地的住房。最重要的是，我们不想被隔离在一个外籍人士聚居地，他们聚在一起似乎主要是为了发牢骚。我们想要融入真实的中国社会。毕竟，那才是我当初要来中国的目的，对吧？

我们在第一套公寓一直住到 20 世纪 90 年代初，那套公寓位于当时中国旅游学院（也就是现在的北京第二外国语学院，简称"二外"）的校园内，在前往北京通县（今通州）

的双车道林荫路边（那条路如今已被改造为京通快速路），那套公寓是通过唐亮的父亲寻找到的。

在给电信局的一位官员送了一台彩色电视机之后，我们的公寓无须排队漫长等待，立刻安装了固定电话（在当时的中国，电话还很稀罕）。而我们是怎么拿到那台彩色电视机的？作为华侨，唐亮可以在专门的商店购买进口商品。

我们还可以在建国门外大街的友谊商店以较低的价格采购市场上紧俏甚至无法买到的食品，包括各种优质进口酒。我猜这些进口酒可能是专供外交使团的，当然我也很喜欢。

不像如今，无论是国外市场还是国内消费，几乎所有的东西都是中国制造。当初的北京几乎没有高档建筑装修材料与精美家具出售。我们的公寓就只是水泥地板，我找到了一些便宜的地板革，唐亮的两个弟弟那时还在上高中，他们帮忙给铺上了。

也是从那时起，我们开始收集旧家具。第一张正式餐桌就是一张晚清时期制作的相当华丽的大理石台面红木方桌，那是1986年在东华门附近一家国营商店（可能是当时北京唯一的古董店）买到的。那张坚固而精致的桌子，与之后几十年我们一件一件收集来的其他精美古董一起，现在仍然在装饰着我们的家。

我好像跑题太久了，唐亮总说我太啰唆，所以我们回到四合院的故事上来。

在二外的公寓之后，我们搬进了一套为1990年北京亚运会而建的现代化四居室。地下车库里有一个停车位，用于停放我们的切诺基，它取代了我们在中国的第一辆车，那是一辆北京汽车制造厂生产的二战风格的212吉普。隔壁的停车位停着邻居的一辆巨大的苹果绿劳斯莱斯，每天都在提醒着我们的相对贫穷。劳斯莱斯的主人常常在早晨派他的司机和女佣，到离我们大楼几百米远的小吃摊上去买油条。呵呵，炫耀性消费。并非因为这些，我不喜欢住那栋楼，主要是感觉狭窄的天花板，好像承担了所有楼层的重量。此外，除了一个小阳台，我们也不能拥有自己的花园。

经人介绍，我们得知禄米仓胡同有一处四合院正在寻求出租。多年来，我一直误以为它曾是《青春之歌》的作者、小说家杨沫的家。1981年，我第一次来北京时，还见过杨沫一次，当时她去北大给我们班做演讲，就在司徒雷登曾经待过的燕京大学住所里。后来才知道，其实那是《荔枝蜜》作者杨朔的家。有趣的是，记忆常常会欺骗我们，写这本书在一定程度上就是为了记录事实，远离张冠李戴。

我们抢先租下了这座破旧的四合院，它实际上只是一座19世纪晚期的豪宅最北端的一个院子，里面带有维多利亚时期的姜饼屋装饰风格，暗绿色的内墙与灰色的外墙砖形成鲜明的对比。

这是我遇到的第一个建筑方面的真正挑战：如何将建筑物连成一个整体，如何对浴室进行现代化改造，如何改建一个功能齐全的西式厨房和洗衣房，如何更新电路、管道、照明和供暖通风空调系统，以及如何创建一个私人的出入通道。同时，我还需要了解中国传统四合院的基本原则（围合、轴向、对称和层次），这样才能在改造房屋的同时不破坏其灵魂。此外，我还希望改造完成之后，这套住宅能给人一种精致、内敛和优雅的感觉。

最后，如何在非常有限的预算内完成这一切？因为那时我们没有多少钱，而且知道那一片地区在某个时候可能会进行城市改造，这意味着我们的老房子将可能被拆除。

在我心中，这一次边做边学（在实践中学习），乐在其中的我隐隐意识到终于找到了自己的使命。虽然我还需要很多年的学习和实践，才能把这个意识付诸现实——把梦想变成真正的建筑。

禄米仓的这套四合院，后来在外国人社区中相当有名。1999 年初，一期关于"在北京寻找绿洲"的房地产杂志以它为封面故事进行了详细报道，这是我的建筑（设计改造）项目第一次在媒体上发表。这是一个起点，再后来，对我设计的建筑进行报道的媒体越来越多，其中包括 2010 年 10 月《建筑文摘》的"好房子"调查，介绍了我的几个项目。

《建筑文摘》的报道完全归功于当时在北京执行另一项任务的摄影师罗伯特·麦克劳德。他在游览长城时，来到"小园"用餐，在参观了我改造的几栋房子之后，他主动向《安邸 AD》杂志的主编佩奇·伦斯推荐此选题报道，并获得了批准。至今仍令我感到荣幸的是，伦斯主编还特别安排了关于我的报道，刊发在她退休前编辑的最后一期杂志上。

上 1986 年，我们在东华门附近的一家国营古玩店买下了这张晚清时期的红木大理石冰裂纹麻将桌，从此开始了数十年的收藏。

下 这张桌子仍然收藏在我们现在居住的工作室中。2024 年，一个关于在华外国人的纪录片节目组采访我，这张桌子就在我身后。

10
胡同街坊

住在一条塞满了旧四合院的胡同里，就像是一场冒险。每一个曾经完整的四合院，后来都被分给了许多个平民家庭（大多并不富裕），成为老百姓共享的住所（北京人所谓犄角旮旯儿胡同）。我永远不会忘记搬进四合院的那一天，载货的卡车要先在胡同外的道路上卸货，然后所有的家具和物品再被工人一件件抬到通往我们家的胡同里。当时，感觉整个胡同的人都聚在胡同两旁观看这一奇观，我甚至有点担心这是在炫耀我们的财产，当地派出所和居委会的人，其实在整个居住过程中都密切关注着我们。

当时，没有几个外国人住在中国人聚居的四合院里，我想无论是中国邻居，还是其他外籍人士，可能都认为我们有点儿奇怪。我们刚搬进来的时候，女儿就读于国际学校，安排她们的同学来家里玩都很尴尬，因为一些外籍父母害怕让他们的孩子待在"大杂院"里。不过后来，我们的女儿在日坛公园以北、朝鲜大使馆旁的芳草地小学读完了小学。她们在那所学校里肯定也经历了一些冒险，但她们从小就学会了地道的中文，这意味着她们永远都拥有比我更高的中文水平。

禄米仓胡同非常狭窄，西边通往正对北京站街口、从长安街由南向北延伸的朝阳门南小街。在早晚高峰时段，来来往往的人太多，以至于双向行人经常走不动，我称之为"堵人"，甚至把这个词写进了我那本计划取名为"洋鬼子辞典"的书中（稍后会详细介绍）。当然，如今朝阳门南小街已经变成了一条宽阔的四车道大路，两边全是现代建筑。

住进四合院之后，我们逐渐熟悉了整个地区。禄米仓胡同的西口正对着干面胡同，那里是东城区党校和中国红十字会总部的所在地。干面胡同西端则是东单北大街，那是北京主要的商业购物街。干面胡同以南平行的是东石槽胡同，北边平行的是史家胡同。随着时间的流逝，我们开始认识居住在这些胡同中的少数外国人和归国华侨，我们也

我们家保姆汤圣秀和丈夫杨卫东与我们一起生活了 28 年。

逐渐成为这片儿的一部分。

多年来，我每天都在禄米仓胡同散步，与其他居民至少是点头之交，熟悉了从大清帝国时期留存下来的每一个古老的四合院。其中最著名的建筑群是智化寺，这是一座可追溯到明代的寺庙。我时不时在寺庙里徘徊，想象着五六个世纪前北京人的生活是什么样子。

我们家是从前的大四合院分割成的一个独立院子，院子很大，幸亏保姆汤圣秀把丈夫杨卫东从安徽叫到北京来帮忙。总之，我家保姆和她丈夫在退休回乡之前，与我的家人一起生活了 28 年。那时，他们的儿子也会来四合院里和我们一起过暑假，和我们的女儿一起玩。不过他真的很怕我，因为他母亲警告他说我的脾气不好，每次他看到我，都会躲到一边去。他长大后成了一名汽车修理工，后来还邀请我和唐亮去合肥参加他的婚礼。能参加如此重要的仪式，真是太荣幸了。

我希望有一天能够讲述更多我们与这个中国家庭共同生活的故事。我们知道他们所有的缺点，当然，他们也知道我们的一切。从一开始，我们的关系明显建立在雇佣关系的基础上，我们之间在工作绩效和工资增长上也不时有矛盾。但我相信，保持 28 年良好关系的秘诀很简单：相互尊重。

住在四合院里，还有一种神奇的体验。人们永远不会知道，他身处一个拥有 2000 多万人口的城市中心。每年春天，古老的紫藤枝蔓都会生机勃勃，人们可以欣赏到一串串的紫藤花，听到大黄蜂的嗡嗡声。我们感受着四季的交替变化，不知不觉中一年又一年。

20 世纪 90 年代初，我们在禄米仓的四合院内景上了北京一家房地产杂志的封面，这也是我的作品第一次出现在刊物上。

正如我之前提到的，从一开始，我们就知道胡同之家可能会被牺牲在城市的不断发展更新中。因此，为了早做准备，我们找到并租下了慕田峪的房子作为周末的度假地。同时也在城里，重点在朝阳区，寻找下一个住所。后来禄米仓胡同的四合院果然被拆除，我们在朝阳区的新居给了我更多设计住宅和监督施工的实践机会，这也让我积累了日后搬到慕田峪，开始接受委托，为客户建造房屋和其他建筑所需要的经验。

在禄米仓胡同居住期间，我在工作与业务上遇到了许多难题，这些问题几乎击垮了我。很多时间我都待在书房里沉思，开始试着写一本书，讲述在中国工作和生活所遇到的一些可怕经历。那时我想，或许这种令人讨厌的书在美国会很有市场？

我决定以作家安布罗斯·比尔斯（Ambrose Bierce）的美国文学经典《魔鬼辞典》（*The Devil's Dictionary*）为蓝本，该辞典对人类行为中固有的矛盾进行了精彩而有趣的揭露。我也曾试图写一些"嘲讽"这个国家及其人民的段子，以披露在中国工作和生活有多么可怕。我确实写了初稿，即后来被我称为"洋鬼子辞典"并扔掉了的手稿，因为写作本身对我来说也是一种情感的宣泄。但我不想因为写下这些刻薄恶毒的东西而被人们永远记住。

然而，我确实还记得其中的一些词条，或许它们并没有刻薄到我真的无法再复述它们。我想大多数读者都会深有同感，对生活中遇到的一些情况会感到沮丧和无奈。以下是"洋鬼子辞典"手稿中曾经列出的三个条目：

法律：一个温和的建议被完全忽略了。

红灯：走！

清洁：在方形的表面上擦出一个闪亮的圆圈。

在这方面，我想指出的是，西方人通常有一种错误的刻板印象，认为中国人是温顺的集体主义者。与之相反，我发现许多中国人其实非常个人主义。事实上，孙中山先生也看到了治理和改良中国的难度，他曾说"中国虽四万万之众，实等于一盘散沙"。

中国有一个古老的段子是这么说的，如果让一个中国人去对抗一个日本人，中国人永远会赢。但是，如果让十个中国人去对抗十个日本人，日本人永远会赢。当然，这不是真的。与大多数陈词滥调一样，这类片面解读所隐藏的事实真相是——对发展中国家和民族的性格解释，总是接近于"种族主义"或是"种族中心主义"。

于是，我扔掉了那本丑陋的书稿，带着更多的宽容和耐心，继续在中国工作生活。

11
红色之旅

如前所述，我原来的研究领域是中国的政治经济学，我一直对中国革命史的重要事件和发生地非常感兴趣。这促使我前往许多相关的著名地点参观，早在今天中国的爱国主义教育强调"红色旅游"之前。

我和唐亮专程到湖南韶山参观毛主席故居，那是一处面积很大但非常简朴的乡间宅院。在故居大门对面的一家小馆子里，我一边吃着辛辣的苦瓜炒腊肉，一边为一个来自中国农村偏远角落的男孩成为真正改变中国的伟人而浮想联翩。我读过不少关于毛主席的英文版传记，我认为其中没有任何一本能够完全捕捉到我当时所感受到的那种直接的震撼——一个名不见经传的人，为何后来能创造历史？对我而言，究竟是伟人创造了历史，还是历史创造了伟人？这个问题在毛主席故居的那个炎热潮湿的夏日我得到了明确的答案。

我还得知，当年唐亮的父亲从法国回到中国后，去八路军西安办事处报到，由此参加革命。因此，后来我和唐亮也从西安出发，前往延安参观。参观延安枣园革命旧址的窑洞与中共中央书记处小礼堂（会议室）那天，我们几乎是那里仅有的几个游客。中国是否遗忘了革命的遗产？不！今天，"不忘初心"已成了号召。

西安对唐亮来说，还有一个特殊的关联。1936 年 12 月，少帅张学良为迫使蒋介石与共产党联手对抗入侵中国的日军，发动了"西安事变"。唐亮的外祖父当时是张学良的军事参谋，他后来留在了大陆，作为一名光荣的爱国者于 20 世纪 50 年代逝世。而张学良则被蒋介石带到台湾监禁多年，晚年获释后于 2001 年在夏威夷去世，享年 100 岁。

参观遵义会议会址与卢沟桥等许多历史景点，也让我对中国动荡的 20 世纪有了更多了解。不过，迄今为止对我来说最具挑战性的体验，是 2021 年在威廉·林赛（William Lindesay）的组织下，在云南重走了一段"长征路"，那是一次山地徒步越野与露营之旅。有一天，我们到达长征

右　我为慕田峪"板栗山"别墅设计的户外壁灯。

中一场战役的发生地，那里有一处岩壁，铭刻着记录此战的文字。一些外国学者强调，红军长征主要是为了逃避国民党军队的围剿。而这一小段"长征路"，向我展示了在难以置信的艰难局势下进行战略撤退的伟大意义。

多年来，我们一直热情参与北京这个充满活力的世界级城市的文化艺术活动，包括西方歌剧、中国戏曲、芭蕾舞、话剧、艺术展览和拍卖等。

人民大会堂有时也会举办文艺活动，我还记得在巨大的礼堂中聆听帕瓦罗蒂独唱音乐会的兴奋感，包括他的手帕和种种细节画面。唐亮和我也有幸在那里观看了世界著名"三大男高音"中另外两位的演出。很久以后，我们欣赏了意大利盲人男高音歌唱家安德烈·波切利的独唱与贝多芬的《第九交响曲》演奏。在那座大会堂里聆听颂扬全人类兄弟情谊的乐章，是我一生难忘的美好经历。

我们还观看了莫斯科大剧院芭蕾舞团来北京的演出，以及伦纳德·伯恩斯坦的《西区故事》演出。谁能想到，我会在北京见到鲍勃·迪伦、诺拉·琼斯等出色的美国歌手和音乐家。当然，我们最喜欢的本地歌手始终是崔健，几年前他在工人体育场的精彩表演真是令人兴奋。

住在禄米仓胡同的四合院时，我们组织过一个派对，带朋友们观看在故宫建筑群演出的歌剧《阿依达》(Aida)。我们先在家里喝了点酒，每个人都穿着正式，乘坐19辆敞篷三轮车前往东华门。表演结束后，三轮车再把我们带到附近的华南渔村酒家分店吃夜宵。顺便说一句，夜宵是我最喜欢的传统中餐习俗之一。一碗令人舒心的皮蛋粥很难让人拒绝，即便它会严重影响我的血糖。

我们还在位于王府井大街的北京人民艺术剧院观看了许多演出，北京人民艺术剧院是1952年创立的，曹禺担任首任院长。作为一个父亲，必须骄傲地说，我最喜欢的剧目是《纽约风筝》(New York Kite)，因为我们的小女儿唐洋是女主角，她用地道的中文演出并演唱了无伴奏爵士乐曲。看着她的表演、听着观众给她的掌声，你能想象我的内心有多么激动吗？

还有一次，我们受邀参加在故宫举办的私人生日庆典。那是为尤伦斯男爵（Guy Ullens）举办的，他是比利时著名艺术收藏家，也是北京798艺术区尤伦斯当代艺术中心（UCCA）的创始人。

那天下午，故宫日常开放的参观结束之后，受邀的客人可以开车进入（现在可能不再被允许了）。我们观看了尤伦斯先生在古老建筑群中特别布置的中国当代艺术收藏展，在从前皇帝的小花园里聆听了西洋歌剧演奏会，并在整个建筑群中游览，包括进入午门内部（现在午门中央城楼已辟为故宫博物院的重要展厅）。晚上，在天安门城楼上俯瞰天安门广场，为这一天画上圆满的句号。

坐在毛主席等领导人曾经使用过的，雕刻华丽的厚重硬木椅子上休息时，我想到的是1949年10月1日下午，毛主席在天安门城楼上庄严宣告中华人民共和国成立，这是中国长期战争胜利的顶点，也是中国漫长历史新篇章的开端。

住在旧金山时，我们曾开过一个玩笑，大多数当地人只有在陪同游客时才会登上金门大桥。长城，对北京人来说似乎也是如此，我们往往只会在海外亲友来到中国时去游览长城。我特别喜欢慕田峪的长城与森林，所以我们通常会带亲友去那。1996年，我的一位老战友、老同学吉姆·德基（Jim Durkee）从韩国首尔来到北京，这是他第一次来北京，当时他是一名执业律师。如果不是带吉姆去慕田峪长城，我可能永远也不会遇到李凤泉，正是他帮我找到了慕田峪的房子，如今我与他已经成为30年的邻居和朋友了。

那是一个炎热夏日的星期天，我和吉姆从长城走下来，在小路边休息。村民李凤泉试图向我兜售一件上面印着毛主席词句"不到长城非好汉"的T恤衫……关于这个梦一般的故事，本书第一章已讲过了。早在"中国梦"成为这个国家希望与期待的重要表述之前，我就有了在长城脚下安家的"中国梦"。

如果没有李凤泉的三次电话，我的人生将是怎样？至今我仍然惊讶于命运之神对我们的安排。他曾经是慕田峪村里大地主的孙子，后来是模范党员，然后又做起了小生意。而我是一个美国商人的儿子，用中国人的话说是资本家，竟然也在慕田峪村里谋起了生计。我们都属羊，甚至都娶了比我们大一岁的妻子。

租下慕田峪村的房子后，我们进行了第一次改造，当时还不清楚，能否真的获准搬进来。但村主任和派出所所长批准了我们成为临时村民，从此几乎每个周六，我们都过来住。在晚饭之后，李凤泉和他的几个朋友常常会来我们家，聊上几个小时，品尝我储存的各种外国酒。等他们回家时，常常就喝高了，唐亮总要责备我喝得太多。

我可以写一整本书来讲述我与李凤泉成为朋友和商业伙伴的奇遇，还有30年来我们两家人的生活如何交织在一起。鉴于本书篇幅所限，现在我只想强调，这位"好汉"对我的友善、正直和慷慨。

上 这是唐雯从哥伦比亚大学毕业时的留影。
我真是一个骄傲的父亲！唐雯和唐洋大学毕业之后，都回到中国，在我们的企业工作了几年。现在她们在纽约追逐自己新的梦想。

下 唐洋饰演《纽约风筝》女主角时，我们小家庭的合影。

12
子继父业

我和唐亮结婚之后，1983 年，我父母和妹妹第一次来到中国。当时我正好在北京师范大学短期进修，唐亮则是到美国留学后第一次回国。有天晚上，唐亮的父亲请我们吃了一顿丰盛的北京烤鸭，饭后，他把我拉到一边说："你知道，你父亲是一个资本家，而我是一个共产党员。如果不是因为你和亮亮结了婚，我肯定不会和他有任何私交。"

从这件往事就可以看出，我的岳父是个严肃的人，不喜欢感情用事。由于我在美国长大，我的很多观念和行为与一般中国人有所不同，但他一直很坦然地承受我这个外国女婿带来的"麻烦"，对我也很客气，但似乎总是带着一种让我不自在的严厉。我不太愿意直接叫他爸爸，所以我就称呼他为唐恺爸爸。

就这样，过了 15 年。1998 年，我到上海出差，当时我的岳父岳母正在上海探亲。我决定请大家吃晚饭，酒过三巡，唐恺爸爸突然发言了，他第一次当面称赞了我，说我是个好丈夫、好女婿，我当时就流下了眼泪。从那以后，对我来说，唐恺爸爸就是爸爸。

同样是 1998 年，我的父亲被诊断为结肠癌晚期。一个星期六上午，我在美中互利公司的办公室里接到母亲的电话，她告诉我这个坏消息。在我父亲患病期间，李碧菁和她的搭档李琼玖（Elyse Silverberg）允许我回到美国内华达州我父母的家中远程工作了两个月，陪伴父亲与病魔做斗争。他们非凡的善举，让我在一定程度上尽到了一个儿子的责任。

1999 年 4 月 4 日，是个周日，是西方的复活节，也是中国清明节的前一天，父亲去世，享年 66 岁。我和父亲之间一直有不少分歧，但我从未怀疑过他对我的爱，他仍然是我生命中最重要的存在。在写这段文字的时候，电脑屏幕上方的墙上，挂着我和父亲在大峡谷边上的合影，那时的我 18 岁。

2005 年，唐亮在慕田峪的家中为我举办了盛大的 50 岁生日晚宴，由京城俱乐部提供餐饮服务。作为特别的惊喜，她还安排我的朋友斯图尔特前来参加，他就是 1981 年夏天租下我在伯克利的公寓以便我有足够的钱来到中国的人。亲朋好友们簇拥在一起，每个人都说了几句赞美我的话，但最让人感动的是，我的中国爸爸说："我年轻时曾在巴黎学过建筑"，他环顾了一下我们设计改造的房子，接着说："但我们家只有一个建筑师，那就是萨洋。"

有时候，上了年纪的人似乎都能够预感到大限将至，我的中国爸爸也是这样。2006 年春节，将近 90 岁的他召集全家人大年初一共进午餐。吃完饭后，我们的大女儿唐雯从温哥华打来电话，她当时正在温哥华上大学。她的姥爷为我们做了一场即兴演讲。

他说，他知道生命行将结束，他为我们感到骄傲，因为我们都是好人。但他与我们不同，他是一名共产主义者，一生都在为将中国建设成一个伟大的国家而努力，他的使命是为人民服务、为百姓造福。他的任务还没完成，还有很多落后和贫穷的人。他希望自己去世之后，我们还能继续努力去帮助更多有需要的人过上更好的生活。

不久之后，他不慎摔倒，摔断了髋骨，健康自此每况愈下。2006 年 9 月 6 日，他 90 岁生日那天，最后一次住院。他显然非常痛苦，意识也有些模糊，我们给他带了一个巧克力蛋糕（他一直爱吃甜食），他勉强说出一句话："我已经 100 岁了，想回家。"

除了我之外，所有人都以为他在说胡话。但也许只有我知道这说这话的意思，因为多年以来，我常常和他开玩笑说，他的脾气太坏了，肯定能活到 100 岁。我知道，他的意思是他要离开了。

他于 2006 年 11 月 16 日凌晨去世，我和唐亮的三个兄弟为他的遗体沐浴更衣，小心翼翼地收殓进一辆黑色的灵车，一起前往殡仪馆。我们站在一旁，看着他的遗体在高炉中被火化，余烬被存放入骨灰盒。

我没有一天，不想起我的中国爸爸。

接下来要说一说，我人生的第二个重要转折点。在美中互利公司忙忙碌碌了快十年之后，2005 年的春天，我辞职了，搬到慕田峪生活。一个晴朗的早晨，村里公共广播的喇叭里突然传来声音："萨洋，萨洋，到大队来报到。"这把我吓了一跳，心想自己一定是犯了什么大错，赶紧下山去。我们慕田峪村的党支部书记李连廷热情地把我迎进了他的办公室，一边为我倒茶，一边说："我有事要和你商量，萨洋。"

他首先告诉我，慕田峪村已有 400 多年的历史，长城的慕田峪段就是由村民的祖先修建和驻守的。

"难道你没有注意到身边村民的生活很艰难吗？"他的意思是，虽然旅游纪念品曾给一些村民带来了一定程度的富裕，但近几年旅游纪念品的销量不断下降。许多上年纪的村民几乎一贫如洗，甚至举目无亲。板栗种植是一项极其艰苦的工作，每年的收益也不稳定。年轻人在村里找不到什么好工作，就会去城里打工，因此人口也在不断减少。

他接着说："萨洋，我们不知道今后该如何维持我们的村子。你们住在村子里，是否可为村里做点什么？"

说实话，我一开始以为他只是想从我们这里要点钱，仅此而已。他却向我讲述了如何才能成为第一个在村里投资生意的外来者，这让我非常讶异。

他认为，游客只是来看看长城，拍几张照片，几乎不能给当地带来什么附加值。但如果我们能创办一家企业，既能雇用当地人，又能吸引游客在村里停留更长时间并且消费，也许会更好。

李连廷关于农村可持续发展的设想和观念，确实很打动人，我想起了唐恺爸爸的嘱咐，要努力去帮助落后和贫穷的人。他的话，让我感受到自己的社会责任，多么讽刺，又多么正确？这位只有小学文化的村干部，让我看到了一种只能用心去感受的东西，因此才有了后来的"小园"餐厅。虽然我不是宗教徒，但我认为这是一个类似于"启示"的时刻。

在此，我还不能不提到北沟村的党支部书记王全。一个曾经入伍的农村男人，退伍后投身自己村子的建设，被选为村干部。他也是一个让世代居住的村庄可以持续发展的杰出推动者，总是关心村民的利益。后来我们一起把一家倒闭的琉璃瓦厂成功变成了"瓦厂"酒店，不仅雇用了许多村民，还吸引了更多的游客和投资。他后来被选为全国人大代表。我非常尊敬他。

小园
THE SCHOOLHOUSE

13 贵人相助

我们的全新事业，始于从慕田峪村租下废弃的慕田峪小学，再将其改造成"小园"餐厅和艺术玻璃工作室，2006年春季"小园"餐厅开业。大约也是在同一时期，我开始接受客户（包括外国人和中国人）的委托，从慕田峪村和附近其他村庄的房主手中租赁闲置的房屋，再由我设计并改造成带有私家花园和精致景观的现代住宅。

我们发展旅游和设计建筑的原则，后来被当地甚至上级领导称为"小园模式"，被认为是一种农村可持续发展的模式。从本质上讲，我们以"自力更生"为理念，借助民间资本和本地的自发组织来促进经济增长与就业，而不是依赖政府的拨款，或是其他非政府组织的慷慨解囊。

我们相信，持续的小规模投资可以催化中国农村地区的经济和社会基础发生质的提升。中国约有 70 万个村庄，即使中国经济在快速发展，政府也没有能力完全投资让所有的村庄迅速致富。

我们投资并运营乡村企业的宗旨是：

A. 平等尊重
B. 诚信守法
C. 顾客至上
　+
S. 可持续发展

"小园模式"虽然不可能是一个适用于所有乡村的发展模式，但它是一个值得参考的选项。后面，我将更详细地探讨相关原则，以备感兴趣的读者了解更多。

在此要说的是，我们在慕田峪的工作得到了中国各地——地方、省市甚至中央领导的关注和支持，这让我感到非常惊讶。前来考察并坐下来询问我们工作细节的领导曾有时任中共中央政治局委员、北京市委书记刘淇。

我很惊讶也很感激，这个国家多年来对我和唐亮敞开怀抱，并为我们提供了持续盈利和不断投资的空间。（盈利，是任何民营企业可持续发展的必要因素之一。）

还记得国际奥委会宣布北京将举办 2008 年奥运会的那个晚上，我和唐亮在北京目睹了欢呼雀跃、自发挥舞着国旗在街头聚集的人群，他们为中国获得世界的认可而感到自豪。我们当时并不知道，北京奥运会将成为我们日后事业成功的重要驱动力。

"小园"餐厅开业后不久，在一个雷雨交加的夏日午后，一位客人要求见我。这位客人是理查德·吉尔蒂南（Richard Giltinan）先生，全球首屈一指的体育推广公司之一艾路卡（Iluka）的总经理。他当时在为即将成为北京奥运会赞助商的客户们物色度假地点，这些赞助商将带着他们的贵宾前来观看奥运会，每个人也都希望顺带游览长城。于是他把目标锁定在了慕田峪，希望"小园"餐厅能够满足他们的需求。

尽管"小园"还是一家新的企业，但他信任我们，并且冒着巨大的商业风险将他在北京奥运会期间有关长城的业务都交给了我们。如果我们搞砸了，不仅会让他失望，对他的公司、员工和客户来说，也将是一场巨大的灾难。又一次，"贵人相助"为我和唐亮提供了绝佳的发展机遇。

除 Iluka 之外，我们还吸引了 Jetsport 等公司的奥运相关业务，并最终接待了 NBC（美国全国广播公司）、可口可乐、欧米茄、联想、希尔顿、Visa（维萨）等许多知名公司和品牌的客户，慕田峪所有的可经营位置，甚至包括长城上的露台，全部爆满。"小园"餐厅在几周之内因为奥运会而产生的盈利，为我们后来在 2010 年建造、装修和经营"瓦厂"酒店提供了充足的资金。

"小园"餐厅所有的员工也都为北京奥运会接待业务的成功付出了最大的努力，我必须特别感谢长期担任行政总厨，后来成为"小园"餐厅总经理的长城（Randhir

Singh），他是为数不多的外籍经理之一。他来自印度，曾
受过法国大厨的培训，此前他与在中东工作时结识的中国
妻子常悦分居两地，这让他很不开心。于是，他接受了我
们的邀请，搬到了长城脚下生活与工作。他无限的热情、
创造力和对商业技能的学习力是"小园"成功的关键。现
在，他和常悦仍然居住在中国，在常悦的家乡天津，经营
着自己的餐厅和面包店。

刚才我说到，"小园"的外籍经理很少。其实从某种意义
上讲，这并不完全正确。多年来，我们还聘用并指导了
50 多名实习生。他们来自包括中国在内的 15 个国家和地
区，一般在"小园"实习 6~9 个月。每个实习生的津贴
相当于一名初级经理的工资，他们住在"小园"的经理
宿舍，来自中国之外的实习生一般与一名中国同事共住
一室。他们需要在"小园"餐厅及酒店从事服务客户的

工作，但也必须开发一个新项目，作为他们实习的主要成果。

我们还陆续编辑了五本由实习生研究和撰写的图书，这些图书促进了慕田峪地区的旅游业，同时树立了我们的品牌形象，并赚取了额外的业务收入。其中有四本是内部编印的平装图文书，分别是：

《长城脚下的慕田峪》，以档案研究为基础，讲述了慕田峪这段长城的历史，并通过当地干部和村民的小故事，将主题带入 21 世纪的旅游业。

《慕田峪徒步旅行指南》，介绍了一系列精心策划、穿越附近山脉和村庄的徒步旅行路线，以及慕田峪地区的社会地理环境。

《骑行渤海镇》，图解慕田峪所处渤海镇的交通道路情况，甚至包含往返明十三陵的骑行指南。放慢脚步，慢慢探索，大家会发现很多惊喜。

《慕田峪周边吃什么》，介绍本地的饮食习惯，帮助游客了解当地的美食和人们享用美食的故事。

第五本是大型画册《长城风格：与萨洋共建家园》，在澳大利亚出版了英文版。为写这本书准备了数年，包含内容构思、协调摄影、文字撰写、选择图片和寻找出版商等。

2013 年 8 月，我在香港的 TEDx 演讲中，讲述了"小园"餐厅实习项目的故事，现在还可以在网上看到这个视频。设立这个实习项目，正是为了回馈一路走来帮助我的导师、雇主、客户、员工。那些实习生尤其让我不敢懈怠，实话告诉大家，从这些年轻人身上，我学到的东西比他们从我这里学到的要多得多。

右 多年来，"小园"编辑出版的部分书籍封面。

14
再上台阶

"小园模式"还包括，设置多个面向客户的"前台"，以及一个通用的"后台"管理系统。依托这套系统，我们在周边区域开展了更多包括开发民宿在内的业务。

第一次尝试是我为母亲琼·斯皮尔在慕田峪改建的家。当她不在中国时，"小园"就为她管理和出租一个称为"奶奶家"的新农宅，租金收益与她分成。她租下了"小园"附近的这栋老房子，并支付了改建费用，以示对我们的信任。为了合法经营，我们也申请了在"小园"主要区域之外接待中外客人住宿的经营许可。我将其转化为一种放大的商业模式，这样"小园"通常还有十几套民宿可以出租。由于资金有限，我们很幸运能够借助其他人的房子与投资来发展"小园"的业务。

我的母亲在我为她设计改造的"奶奶家"门前。

某一年，我母亲和慕田峪村的
老人们一起度过重阳节。

在新冠肺炎疫情发生之前，母亲每年都来慕田峪居住一两
个月。她喜欢和我们在一起，但她有自己的住处，这样
比一直和我们住在同一座房子里要好。（从我的亲身经历
来讲，儿媳妇和婆婆之间时而紧张的关系，绝对是跨文化
现象。）

母亲住在这里的时候，我和她开玩笑说，"要吃饭就得干
活"。于是，她成了"小园"的常驻主人，经常挨桌给客
人倒水、倒咖啡，并向我们夸耀自己做了多少事儿。母亲
感受到自己被别人需要的快乐，也真正为我们的家庭式企
业做出了贡献。

她还会参加我们与本地村名的定期宴会，她喜欢喝中国白
酒，而且酒量不小，我敢打赌，她能放倒许多酒量很大的
人。每年重阳节的时候，她通常住在这里，看到她和慕田
峪村里的其他老人开心地坐在一起，我觉得特别有意思。
微笑也是跨文化语言，总能传递很多信息。

母亲去年已满 88 岁，我担心她的健康状况是否允许她再
次回到中国。但互联网科技让我几乎每天都能同她视频

聊天。每当我散步遇到村民时，他们还经常会问起她的情况。

"奶奶家"只是我们走出"小园"的第一步，到2008年北京奥运会时，我们已经开了一家名为"大路馆"的大型中餐馆，连同仓库、办公室和中央厨房一起，与我们自己的菜地相连。另一家名为"小庐面"的面馆，坐落在一个栗子园中，地处北沟村。北京奥运会之后，正如前面所述，精品酒店"瓦厂"也开业了，我们还开始在附近另一个村庄的果园里生产"小园"牌手工醋与果酒。

由于辖区公安局要求登记住客信息备查，因此我们能够统计出客人的国籍比例。早期，来自外国与中国台湾和中国香港的境外游客占总数的90%以上，但是到2020年新冠肺炎疫情发生之前，随着中国经济的大幅增长，中国内地的住店客人比例不断增加。能够成为这么多中国人的度假目的地，他们愿意花五星级酒店的价格来体验乡村精品酒店，这是何等的荣幸。

多年以来，"小园"与"瓦厂"接待了许多中外名人。我们的目标始终是为他们提供一个安静、私密的休憩场所，让他们远离名人的喧嚣，以对所有客人一视同仁的热情和周到为他们提供服务。我不便一一公开这些访客的姓名，他们包括影视明星、作家、音乐家、艺术家、运动健将、企业家、政界领袖、将军与皇室成员。我的职责只是恭恭敬敬地提供服务，而不是在未经明确许可的情况下讲述他们的名字和故事。

作为一家美资在华企业，并且毗邻长城——世界上最重要的旅游胜地之一，美国商会和美国大使馆为我们带来了大量业务，这令我们深感自豪。同样令我们感到荣幸的是，中国政府及许多国家的使馆和机构也常常安排贵宾在我们这里用餐、开会或住宿。凭借多年的经验以及对安全要求的配合与理解，我们得以成为一个可靠的合作伙伴。

有一件得到媒体发布许可的事情，就是米歇尔·奥巴马夫人及其家人曾到访慕田峪，他们在"小园"观赏二胡唢呐表演、饺子面条制作以及为他们约 20 人的宴会专门进行的玻璃制作演示，午餐之后他们继续去登长城。所有食物都是最新鲜的、当地生产的、当天制作的。我们也为陪同奥巴马夫人一行的其他官员、随行媒体和周围的安保人员提供了外送餐饮（他们那时不能进入"小园"）。

我们的小女儿唐洋为宴会的每位客人准备了手绘纪念菜单，每张菜单上都有当天制作和提供餐点的不同团队成员的肖像。午餐之后，我们高兴地发现，所有菜单都被客人带走了。

米歇尔·奥巴马夫人还抽出时间在我们的露台上拍摄了一个以长城为背景的视频节目。这个视频主要面向美国的中小学生，她利用这次旅行介绍中国美食，帮助孩子们了解健康饮食的重要性。她的善举完全出乎我们的意料，她还主动提到在我们这里享用了一顿美味健康的午餐。

2018 年，是我高中毕业 45 周年，同学委员会邀请我参加

1973 年 6 月，我在高中毕业典礼上发言。

在艾奥瓦州马歇尔镇举行的纪念聚会。唐亮也很想去美国的中西部，亲眼看看我度过三年青少年时光的地方，于是我们决定一同前往。

同学委员会还邀请我，在将有 200 多名老同学参加的聚会上发表主题演讲。他们认为，我是那个人口不足 3 万的小镇中走得最远的一个，而且似乎开创了一种独特的生活，他们都对我的经历感到非常好奇。

对于这一邀请，我其实有点儿惭愧，因为当初在高中毕业典礼上，我曾鲁莽地借发言之机嘲笑了我接受教育和欢迎我们全家的小镇。要知道毕业典礼是那个社区一年一度最重要的仪式之一，而当年的我，一个愤青，对参加仪式的数千人语带讥讽，一些同学甚至当场就站起来背对着我。45 年来，我一直为自己当时的不成熟而感到羞愧。

2018 年飞抵芝加哥后，我们驱车一天，穿过一望无际的玉米地和大豆田，到达了我曾经的家乡。马歇尔镇基本上还是我逃离时的那个小镇，但在 1973 年，我并没有意识到它是一个多么美丽的小镇。我陪着唐亮四处参观，从当年住过的房子到马歇尔镇高中、费舍尔社区中心，经过主街和县法院，再到艾奥瓦河畔。我们在芝诺家比萨

（Zeno's）吃了午饭，在我看来，它仍然拥有世界上最好吃的比萨。

第二天，我们去当地的中餐馆用餐，它由一个来自中国东北的移民家庭经营，但他们从未接待过来自中国的客人。他们为我们烹饪了自家经常吃的美味佳肴，而不是菜单上的美式中餐。

在乡村俱乐部宴会厅举行的同学聚会上，我应邀发表了演讲，用幻灯片向大家介绍了我在中国的工作与生活。不管别人怎么看，我很感激有第二次面对同学们发言的机会，并向大家道歉，证明我是如何改变的。当然，我发现之前的担心是多余的，这些了不起的人热情地欢迎我，就像欢迎失散多年的朋友。

更具象征意义是，同学聚会的一周后，马歇尔镇遭受了一场近乎毁灭性的飓风袭击，人们抱团互助和重建家园的一幕，带给我深深的震撼。美国人确实知道，在需要的时候，如何搁置分歧，团结起来。

我在同学聚会上发言，向同学们介绍我在中国的工作和生活。

15
云窗霞户

不知不觉，从慕田峪的家开始，到如今我已设计改造了三家餐厅和酒店、数十所民宅。回忆这些建筑的设计改造工作，我仍然会想起利玛窦的"记忆宫殿"，用一些文化的形象来衔接、描述我想象的架构。

在一扇扇小小窗户的陪伴下，我在书桌前度过了一年又一年，为每一处建筑设计并构造了一座座"记忆宫殿"，赋予其中的那些物品和空间某种含义或暗喻。

对一个设计师而言，对根植于本地传统的现存建筑做某些文化符号的关联，然后进行现代化的改造，再没有什么方案比这更完美而又有创新的了。

一座房屋曾经屹立了五十年，甚至一百年，它已经满足了利玛窦的"记忆宫殿"第一个步骤的要求。时间流逝，历史的记忆已然浸透了房屋的每一个角落。

有时候，剥去一座老房子用稻草和泥土混合做的墙皮，我会发现该老房子是由从山脊上长城墙脚凿下的石块建造而成。天花板是用贴着纸的草席做成的，因此显得房间很低。此时被拆除，露出了上面的开阔空间。但厨房的天花板为了防火没有贴纸，我保留了屋顶椽子上的黑色——其实那是数十年人间烟火熏出的痕迹。村民们所用的炕，可以被厨房的灶火烧热，而以前炕所在位置的墙体，也总是有灼烧过的痕迹。

我家的小窗，位于我家主卧套房的更衣室内。我对小窗视野的选择，基于中国卷轴式绘画的取景，通常是一段山水或是像这样的一截树木枝丫。每次望向窗外，景象都会随着时间而变换。

夜深的时候，这些画面常常固执地徘徊在我脑海中，这是事物本身所带有的记忆残余，那种感觉无法言喻。我只好将房屋改造和翻修的工程设计成一所"记忆宫殿"，用以铭记与其相关的所有事物。过往无处不在，这是一个物理意义上的开端，同时也是一种约束，如同艺术传承不变的规矩。

下　2022年，我在大理的一处住宅设计了一个圆窗。不久前，客户欣喜不已地给我发来了这张照片，这就是我作为建筑师所需要的唯一回报。

"人们总是忘记，真正的自由画才是最难画的。"我常常想起这句话，一位画家要从虚无中翻找形象，从无到有。对着虚无画出一些有意义的形象，比对着某些事物进行描绘难度大多了，不管是尺寸、节奏，还是一堵焦黑的石墙。

与画画相似，现有的石墙、焦黑的屋顶横梁，以及格子窗所设定的空间，都给我提供或者说是定义了创新所需的余地。就像利玛窦的"记忆宫殿"总是随着时间而拓展，我设计的建筑也希望构建一个童话般的空间，用以承载新的生命和新的故事，在继承前人历史的同时，为当代的人打造一个家园。

上 "慕曼峪"别墅的正门。门上有许多小孔，但后面的石壁阻挡了所有偷窥的视线。

在草拟房屋的改造方案时，每天晚上我都会想象着透过它的窗户可能看到的风景，在合上眼睛后的漆黑世界中，勾勒房屋改造后的模样，再由此慢慢进入梦乡。

待到黎明破晓，一醒来的我，就会将梦中的房子画下作为计划的草案。细化设计方案时，我的房子还埋藏在阴影中，而不久之后，晨光将长城染为粉色，复又镀成金色。书房里，明媚的阳光渐渐洒落下来，和外面狗的叫声、厨房传来的叮当声，交织在了一起。

前些天，我带朋友参观了一处住宅，也是我设计改建完成的，位于慕田峪附近一个名为田仙峪的村庄。这座房屋有多扇窗户，光线可以由此照进宽敞的新房间。在一天的不同时段，阳光会依次扫过房间东西两侧开放的山墙。

中国的农村民居没有在山墙上开凿窗户的先例，因为这些窗户可能会让站在附近高处的人将整座房子一览无余。但开凿窗户的好处也很多，比如站在露台的人，就可以透过窗户观赏到远处的山脉和天空。

所以，我总是小心翼翼地来回巡视设想中需要开凿窗户的每一处地方，并且提升墙的高度，在不牺牲观赏视野的前提下，同时保障住户和邻居的隐私。

左 这是第一次改造"鹰之巢"别墅时新增的玻璃房。如今这座玻璃房已被拆除，以便为新的设计方案腾出空地。

右上 "慕曼峪"西侧卧室的炕边有个小窗。

右下 "慕曼峪"一层主卧室的开放式淋浴间，也有一个面向悬崖的小窗。

大房间的南墙上有一扇与墙壁同等宽度的天窗，背对着村中小巷。即使不遮挡，天窗的高度也能保证私密性，在炎炎夏日可以挡住烈日暴晒，在寒冷冬日也能享受温暖的阳光浴——这是对自然光线的完美利用，也是我从当地传统民居中学到的一种节能方式。

而与当地风俗截然不同的是，大房间朝北的落地窗完全面向庭院，面向房屋原有结构的立面和远处起伏的山脉，山脊上有连绵的万里长城。最后，还有一格小窗连通了东侧墙壁和外面的世界，它约有两米长，却仅一个手掌宽。

我喜欢把那些窗户当作我的画卷。

左 "丁香舍"别墅露出了原有的巨大横梁，并拆除了西面山墙的一部分，设计了一个长长的火炕。独立式壁炉两面开放，上端的烟囱也为室内供暖。整个空间通过新建的小方窗采光和观景。请留意横梁和三角形砖墙之间的白色杆子，它贯穿整栋房屋，上面装有可控制的LED氛围灯。

下一页 "大石头"的新客厅就建在这块原地裸露的大石头上。我在篝火般的壁炉上设计了一个钢、铜组合的炉罩。地面铺设的是30×30厘米的抛光黑石板与白色花岗岩组合的台阶，这些都是我经常使用的材料。

16
入乡随俗

每年 10 月的傍晚，慕田峪的天空会呈现出青灰色，如同一杯香浓的抹茶。站在长城上，可以看到燕山山脉延展为无数的山峰与山谷。

沿着长城构筑的壁垒，落叶树可以在夯土地面上扎根，也可以在巨大砖块的缝隙中开枝散叶。红色和橙色的树冠仿佛熊熊燃烧的林火吞噬着长城。而往下看，每一个山谷都如同一条高悬的石头河流，每一道沟壑都整齐地流淌至一个村庄。

一条小路将慕田峪村与北沟村以及田仙峪村连接起来。这条小路沿着陡峭的山坡蜿蜒而上，通向梯田上的数个果园。一道山脊则将两个村庄分割开来，小路蜿蜒至山脊顶端时变得宽阔了一些，似乎要驻足俯视山谷中绝妙的风景。几棵古松静静站立在相同的海拔山坡上，走近看，它们丰茂的树冠似乎足以覆盖整个山坡。作为一名外来者，你在这里很容易迷失方向。

上　慕田峪曾名摩天峪，意为"触及天空的山峪"。以守望着慕田峪山口的正关台为起始，民居星星点点蔓延而下。山坡和山谷均被树林所覆盖，当地人长期以来一直在这里寻觅苦菜、蘑菇以及野生杏树和樱桃树的果实。

下　万里长城于 1987 年被联合国教科文组织列入《世界文件遗产名录》，仅仅一年后，慕田峪长城经过修缮的部分便向游客开放。据专家统计，北京市行政区拥有长达 629 公里的长城，长度为中国各省区市之最。

漫步至北边更为陡峭的山峰，甚至可以爬到长城之上。而一旦熟悉了这条小路，它的秘密便显现出来：其实这是一条连通村民和他们的栗子树、他们的家和邻居的家的捷径。

到了 11 月，中国北方开始供暖了。一股甜蜜的味道黏附在一切事物上——各式各样的水果或干果，还有糖葫芦的包装纸和本地窖藏的大白菜。金黄色的藤蔓在院墙上攀爬，葫芦如同沉甸甸的装饰品悬挂在距离地面两米高的架子上。陡峭的山坡上散落着带刺壳的栗子，像无数被压扁的海胆。干涸的河床旁边，饱满的金色柿子挂在高高的枝丫上。

每到此时，唐亮会从自家花园里摘上满满一袋柿子，逐个摆在"小园"的窗台上。接下来的两个星期，不管是工作人员还是客人，都会在她的欢呼和笑声中品尝这些仿佛能发光的装饰品，那味道真是特别的甜。

秋天是我最喜欢透过书房窗户欣赏窗外景色的季节。湛蓝的天空下，山上的长城发着白光，好像白色的龙骨。村庄中的烟囱冒出袅袅炊烟，村民们一般不在街上游荡，而是舒适地待在家里。暮色包裹住每一座房屋，村庄也就渐渐安静下来。

上　我们从村里租下慕田峪村废弃的小学，并决定在这里开"小园"餐厅。

下　2006 年 12 月，我们在改造后的"小园"餐厅度过了第一个圣诞节。

In China, farmers plant things according

立春 the beginning of Spring Feb.4
惊蛰 the waking of Insect March.5
春分 spring Equinox March.20

立秋 the beginning of Autumn Aug 8
处暑 the end of Heat Aug.23
白露 white Dew Sep.8
秋分 Autumn Equinox Sep.23
寒露 Cold Dew Oct.8

清明 Pure Brightne

春雨惊春清谷
秋处露秋寒霜

霜降
立冬
小雪
大雪

"小园"餐厅是将原来废弃的校舍教室改造成的餐厅，但仍保留着原有的黑板。摄影造型师保罗为了体现"小园"对慢食法的投入，将当地的蔬果特意如此摆放。

088

...te traditional calendar...

立夏 the beginning of Summer May.5

...in Rain Apr.20 小满 lesser Fullness of Grain May.21

满芒夏暑相连   芒种 Grain in Beard Jun.6
雪雪冬小大寒   夏至   Summer Solstice Jun 21

小暑 lesser Heat   July.7

...Descent Oct.23   大暑 Greater Heat July 23

...ginning of winter Nov.7   冬至   Winter Solstice Dec 22

...Snow) Nov.22   小寒 lesser cold Jan.6

...r Snow Dec.7   大寒 Greater cold Jan.20

右　这座新建筑是"杏花径"的起居室，采用钢结构和铝合金屋顶。室内天花板由未上漆的麦秸板制成。壁炉有一扇朝外的小窗，从露台上也能看到火焰。

我一直记得，最初提议彻底搬到慕田峪村居住时，唐亮还以为我在开玩笑。她简直无法相信，对我说："我可不是一个农民，这对北京城里人而言，简直是下放！"现在说起这事儿来，她都会大笑，目光穿过窗外，飞过我们的花园，飞过低矮的院墙，飞向那座被我们称为"卧佛"的山峦。

唐亮说："最大的挑战，就是我一直生活在城市里。当然，'文革'时期我们都下过乡，但那并不是我们选择的生活。我从没在一个小村庄里真正生活过。我不明白——我至今仍不明白——一个农民会怎样思考。我依然在努力学习。我一直在研究如何与村民沟通，因为没有沟通，你将寸步难行。"

但现在有客人来访时，唐亮已经会这样招待他们了："这是本地产的新鲜鸡蛋，一个邻居带来的。吃过这个后，你才能真正知道鸡蛋是什么味道。它们的蛋黄颜色都更深一些！"她用简单的方式烹饪这些鸡蛋。先放少许油，临出锅时再加一点黄油。这就是她烹饪鸡蛋时需要的一切。我所能做的，就是为房屋添加了一个早餐角，大家可以沐浴着明媚的阳光，品尝唐亮煎的鸡蛋。

这个房间是利用村庄储藏室的外墙建成，因此它的横梁没有嵌入两头的墙壁，这样脆弱的横梁可能无法支撑屋顶，所以有人加了一根铁柱用以加固整体结构。我用一排隐藏的灯带衬托出这根看似自由浮动的横梁和周围的石墙。房间里原来炕所在的位置，现在只剩下墙壁上烧火熏黑的痕迹。

左 丢掉杂乱的东西，一个舒适、简洁、实用的家的线条才会脱颖而出：手工凿刻的基石，优雅镶嵌在厚重石块中的菱形木质花格，延伸至顶端屋檐的坚实墙体。

右 "大石头"的外立面，保留在一条玻璃回廊中，中和了便宜却实用的红砖和混凝土窗台带来的粗犷质感。

时过境迁，当初参与协商改造老房子的第一份租约的唐亮，后来协助我完成了无数次官方盖章，比如改造"小园"餐厅等工作，需要盖七十余枚印章。唐亮帮我奠定了每一个改建项目难以言表而又不可或缺的基础。

唐亮还花了很长时间建立并赢得村民们的信任，所以她常常说："我们的工作也是对一路帮助我们的人表示的感激。他们不能被遗忘。有时候我们会给他们带些小礼物，让他们知道我们依然记得他们。"中国有这样一句俗话："千里送鹅毛，礼轻情意重"，意思是即使一份小礼物，也有至关重要的作用。就在今年秋天，有些邻居给我们送来了他们庭院里种的南瓜，是今年收获的头茬。

我和来吃鸡蛋的朋友提起这些往事，唐亮就笑了，咬了一口煎蛋说："就是因为在这里生活，我们才能吃到这样好的鸡蛋！"

对页上　村里的建筑大多用田地里的石头建造基础墙体。在这里，建筑者用三层烧制砖加固了结构。

对页左下　手工新制的炕砖，在午后的阳光中硬化。

对页右下　金色的阳光照耀在木质窗格和悬挂的玉米上，这里是我在北沟村设计的一家手工面馆。自17世纪从美洲传入中国后，玉米成为中国北方的主食之一。

17
终老于斯

设计自己住的家，一直是我的执念。还没有搬来慕田峪的时候，在北京东二环内住过的四合院，还有后来住过几年的四层小楼，我都是从毛坯房开始设计。到了改造慕田峪这栋老房子时，因为占地面积很大，门前还有一条弯弯曲曲碎石铺成的小路、一片果园和几片菜地，终于可以不受城市空间的限制，大展一番拳脚了。

我的设计原则是：尽量保留老房子的结构，只根据需要进行改造，甚至彻底改变房子的外立面。整体上旧的就是旧的，新的就是新的，新与旧可以并置呈现。

即使是正式搬到慕田峪居住之后，随着我和唐亮居住习惯的变化，我们一直在调整空间结构，到目前已经进行过五次设计改造。

今天如果有朋友来拜访我们，推开大门，他正对着的会是一整面由蓝色碎琉璃瓦拼贴成的墙面，相当于中国传统建筑里的照壁。一转身，他便会豁然开朗，看到室外花园和最前面一排灰瓦的老房子。

主屋的门前只有三个台阶，另一侧我设计了一个斜坡，方便使用轮椅，这是我和唐亮为以后的养老生活的未雨绸缪。因此在设计房子的时候，考虑了很多年纪大了之后我们的使用需求，比如尽量减少台阶、独处的空间比较宽大、所有的地方都能通行轮椅，甚至可以坐着轮椅淋浴……

主屋前排的东边是厨房和餐厅，一侧保留了原本的挡土墙。正对着花园的一边，是一整排的大窗，让室内的视线也能延伸到室外的花园和院墙，再远甚至能看到像"卧佛"一样的远山。

西南角的玻璃房，是主卧的卫生间，因为安装了地暖，冬天也非常舒服。我很喜欢小的窗户，所以在朝西的高墙上，开了多个小窗，一抬头，就能看到外面的风景。

我们慕田峪的家，主卧的阳光浴室拥有不同季节的景色，我还设计了艺术玻璃和镜子，以增加色彩变幻。保温墙和地热设计让这里一年四季都可以享受淋浴。

上　我们慕田峪的家红砖砌成的门房。人们永远不会知道里面藏着什么。我们家的最终布局见本书目录前的第一张图纸。

下　我们慕田峪家的主卧室。如果躺在床上，望向窗外，视线将直抵山边的树林和天空，看不到外面的庭院、围墙和小路。我在那里度过了多少个慵懒的午后，阅读、思考、发呆，沉浸在一个私人的世界里。

主屋一进门，左手边是唐亮的书房，是整个房子中采光最好的一间，唐亮很喜欢在这里整理她的纺织工艺品什么的。旁边是起居室，摆放了两把躺椅，晚上可以躺在这里，看看电视或小憩一会儿。

起居室的后面原本是室外空间，后来被改造成为我们的书房。虽然窗子朝北，但冬天把壁炉点起来，两边都非常暖和。

大厅的墙壁高达 4.5 米，并且有教堂一般的天花板。它的侧边有一个阁楼（loft），是切除山腰的岩石后，得到的一个小阁楼。大厅两侧的山墙是三角形的，可以透过玻璃看到客房的屋脊、室外的树林、层层叠叠的远山和天空。

大厅里有一面墙的橱柜，上面陈列的全是我喜欢的传统锡壶，这些年我陆陆续续收藏了将近 200 个。唐亮则对中国的纺织工艺品情有独钟，尤其是少数民族的刺绣、织锦。20 世纪 90 年代，她曾一个人背着包跑到云南、贵州的深山老林里，只为收集这些老物件。

阁楼里设计了一个长长的土炕，待在炕垫上，也可以看长城。很多朋友喜欢从楼梯走上来，待在这儿什么也不做，就只是望着风景发一会儿呆。

大厅的窗户很别致，因为窗框里也放入了一些镜子，这源于一种传统的说法，镜子可以驱逐鬼怪。同时，镜子可以从视觉上扩大空间，增强光照。朋友们还很喜欢我在靠近房檐的一排高窗里，嵌入了特别设计的平板玻璃艺术品，每天下午，阳光透过玻璃照射进来，五彩斑斓。

室外花园一共有三个，厨房南侧的阶梯花园是最后建的。里面种了板栗树、连翘、迎春花、榆叶梅、绣球花、木本花和年年长的草本野花，同时也为康乃馨、三色堇等一年生的花卉留出了空间。此外，还有一个区域用于种植新鲜香草，包括薄荷、罗勒、欧芹、迷迭香和百里香，过冬的时候它们会被挪进室内。我喜欢各式各样的花草，每到花期，风一吹，院子里都飘着花香。

花园外，还有一条小路可以通向山上的一个朋友家。这个房子后来延伸出很多的故事，因为山上这所房子本来是给我们特别好的一位朋友改造的，不久之后他发现可以赚到差价，于是就转让给了别人。然后我又给他改造了第二所房子，老天，第二所房子他居然又转让了。因此我只好给他改造第三所房子……他真是生财有道啊！

回到我的院子来，北面最后一排老房子也是租来的，通过一条走廊与大厅相连，现在这里是客人的套房。地面铺了当地出产的黑石板，每一块的颜色都不一样。客房正对着北边的院子，窗户前摆放了一张我设计的书桌，还有各式各样我们收藏的摆件，朋友们都很喜欢住在这里。

回头一算，我在中国已生活了将近 40 年，其中有 26 年都是在慕田峪度过的，这个"家"已经成了我的归宿。

每一个白天，我基本上都坐在自己的工作室做设计，常常一待就是一整天。唐亮恰恰相反，她喜欢到处闲逛，不是在院子里晒太阳，就是带着狗狗出去溜。有一次我对唐亮说："我们老夫老妻的，也要有一点不在一起的时间才算舒服，对吧？"

我们俩都觉得自己就是慕田峪的村民，和其他村民一样，天蒙蒙亮就起床劳作，然后每天一起吃晚饭。

虽然我们有两个女儿，但两个孩子都长期在纽约工作和生活，能够回到慕田峪的机会并不多。她们是在中国长大的，直到大学才出国读书。小的时候家里没有电视，也没有游戏机，我和唐亮周末就会带着她们到慕田峪爬爬山，或者到村子里逛逛。如今小女儿已是一个画家，家里挂的很多画都是她亲手画的。

上 2005 年夏天，我们决定完全搬到慕田峪村，我们家扩建的北院正在施工。

下 2005 年 7 月北院完成施工，入住那一天拍下的照片。我终于实现了在中国长城脚下安居的梦想。

103

《慕田峪村的生活》，我们的小女儿唐洋在大学期间的一个暑假为"小园"创作了这幅色彩绚烂的丙烯画。如今，这幅画悬挂在唐亮的工作室里，记录着我们的乡村生活与变迁。

我们都希望能一直在慕田峪生活下去。唐亮甚至都想好了自己的后事，她希望死后能把骨灰撒在家门口的大松树下，大家高高兴兴地开一个party送她走。

而我想说的是："中国是我真正的故乡，能够有机会参与中国的乡村建设，是我这一辈子做得最好的一件事了。"

18
托梁架栋

在中国传统建筑包括乡村老房子的构成部分之中，框架无疑是重中之重。按照《图说中国民居》一书的说法，今天依然还有许多通过口诀歌学习框架建筑技术的中国木匠（也叫木作），他们通过一系列代代相传的助记口诀，规则大梁或是横梁与柱子之间的平衡和比例。我也听说过一些，比如"学算房屋非易轻，皆向檐柱径头增。檐柱壹尺金加寸，若问高低按举升"等，就像中国诗歌一样，如果没有人帮助翻译具体的意思，我完全听不懂。

只有具备丰富经验的工匠才能搭建起一座房屋的骨骼架构。在传统建筑的骨架中，横梁是最需要关注的地方，也是一座房屋中用材最昂贵的地方。因为横梁需要支撑起沉重的铺满瓦片的屋顶，它们用的木材通常来自高大结实的树木。一般情况下，安装在梁柱下方的砖石墙并不承重，只是起到稳定和包裹支撑柱的作用，就像在木头的骨骼外，覆盖一层砖石的肌肉。

除了注重框架建筑技术，工匠和村民们对其精神层面也投入了几乎等量的关注。他们相信房屋的框架很容易受到吉兆影响，凶兆也同样如此。最不可思议的说法是如果忘记在大梁上系红布，或者忘了别的什么仪式，屋子的框架可能就无法搭建成功。所以，每一次在"上梁"仪式之前，人们都会举行盛大的宴会以示对建造者的感激之情，也会放鞭炮，其威力足以震慑破土而出的任何邪恶力量。

如果一户人家在"上梁"仪式的宴会上吝啬支出，或是克扣工匠的工钱，或是嘲讽他们的手艺，心怀不满的木匠据说可能会将饭碗的碎片和一根筷子塞进框架的某处，这户人家的子孙后代可能就会遭遇难以描述的厄运。

有一次，我给"小园"合伙人尚朱莉在慕田峪设计的那所住宅举行"上梁"仪式（事实上，每一栋拥有新屋顶结构的房子都要举行这样的仪式。），木匠组长把最后那块木榫敲进屋脊，其他木匠在房梁各处挂满了鞭炮。他们还倒了一瓶白酒，再点燃了鞭炮，说是要驱赶屋内所有的妖魔鬼怪。只有这样，好风水和好气场才会停留在房子内。

尚朱莉后来常常提起这一天："我记得那是一个美丽的冬日，天空是水晶般透彻的蓝色。我第一次看到脑海中的房子，那天我很骄傲，而工匠们也很骄傲，他们为自己的工作感到骄傲。"

与我一起改造老房子的工匠们，对简单和朴实的木工技术都有所了解。最初的计划与行动包括裸露出房屋现有的柱子、横梁、榫眼和卯头。首先，我喜欢头顶上方有开阔的空间。就像改造后的我们慕田峪的家，屋顶椽子被漆成黑

"杏花径"的主卧室位于原来老房子的东端。我们拆除老墙后发现，之前由于主梁无法完全承重增加了一根支柱，于是我们保留了它。同时在右边石墙上露出了主要的承重柱。

在慕田峪的"心栖地",我将老房子的厨房改造成了书房。这个空间保留了原有的横梁和砖墙,墙体的一侧被数十年烹饪的烟火熏得漆黑。新建的壁炉连接着隐藏式的烟囱,带来温暖舒适的同时,也可以通过上面的窗户欣赏风景。曾经通向其他房间的门框如今将书房分成了几个隔间,但仍可以起到支撑上方横梁的作用。

色,横梁被漆成白色,以此进一步呈现出雕塑般的层次与质感。当然,如果原来的屋顶较低,我就会反过来把屋顶漆成白色,让房间更明亮,避免压抑。

看一座房子最重要的是看它的骨架。最大的东侧房间、最大的隔间和原本起居室的横梁是否足够粗壮?立柱是否粗壮到无法用手臂环绕住(如此才能在没有下方砖墙的条件下支撑起整座房子,否则我会增加梁柱数量来确保安

全）？如果答案是肯定的，我就会打通原本的三五个房间，开拓出一系列相互连接且通风良好的生活空间。也许那时横梁会被清洗干净，然后再打蜡抛光。但是在厨房，它们早已留下了岁月浓厚的焦黑色泽。

在每一处改造的房屋中，横梁都会被隐藏的LED灯带照亮，由此产生的空间纵深和光影交错，一次又一次吸引着人们的眼球，房屋的整个框架此时就好似一盏树枝形的吊灯。

这些房屋的横梁，几乎没有特别平直的。这是因为平直的好木料都很昂贵，往往卖给了城里的有钱人。村民们用不起那么好的，就用略有弧线弯曲的木料凑合，但它们的线条其实很自然，所以我都保留了下来。

如果有可能，我通常会保留老房子横梁之上的开口，这样即使是不同的房间也能通过这个小小的梯形而连接在一起。如果这种操作完全不可行，我则会考虑用玻璃填补梁柱框架之上的空缺。

此处客厅拆除了原来的南墙，需要加固柱子，以防止屋顶坍塌。我就将原有的柱子包裹在更坚固的砖墙中。屋顶则通过增加玻璃和钢铁的引檐继续延伸，形成了一个新的阳台，我希望可以将远处花园的景色尽收眼底。和我改造的许多其他房屋一样，此处框架中的横梁显露了出来，我们对其进行清洗、打蜡、装点灯带。经过改造，这座住宅原本朴素，甚至狭窄的空间被完美又自然地打开了。

"丁香舍"的木结构完全裸露，包括右侧仍然支撑着屋顶的柱子。原来柱子旁的窗户向外移了一些，拓宽了室内的空间。

这是延庆"百里乡居"的一间酒店客房,它是由一栋老房子的东端改建而成的。在施工的过程中,我决定在山墙上凿开一扇新的窗户,并且露出墙上的柱子。

左 在"石林"的卧室中，洁白柔软的亚麻布倾泻在石板地上，这些石板来自一座老房子。同样的石板铺满了整座房子，包括新建的炕。我将混凝土与泥浆混合涂抹在碎石墙上，希望可以增添一丝温暖的色彩。

右 这些可爱的弯曲横梁，暴露了它们的廉价。但即便如此，"大石头"的主人经过反复审视，认为它们可以保留并继续使用。我通过白色的石膏板制成带框的天花板突出它们雕塑般的质感，明亮而现代的装饰物点缀着这座老房子，简约又古朴。

这些小小的窗户在不影响空间连通的前提下，确保了书房或卧室的宁静。一个心情放松的访客，可能会花上几分钟从不同角度观察天花板、椽子和檩条的变化，他的目光或是径直穿过或是曲折迂回。

如代代相传的"上梁"仪式一样，框架设计中这种微妙的视角反射，同样蕴含着我对古老传统的解读。与现代建筑着重于开放和连接不同，这是一个传统家庭对自我保护和传承意志的坚守，如同头顶的那面镜子反射一般驱逐入侵者。

在"铁石"这座新建筑中，传统的椽子和现代的钢梁共同构成了其屋顶框架，这是我设计的钢木混合框架的另一个案例。树枝形的吊灯由艺术玻璃和黄铜制成，突出了高深的空间感。

左 开间众多的大石窑村原小学教室被重新改造为"百里乡居"的开放式活动中心，并铺设了水泥自流平地面。我们采用钢结构来支撑重建的传统木椽瓦顶，这样就可以省去横梁，拓展了高度。屋脊之下的拱腹里隐藏着空调管道，照明镶嵌在钢结构之中。

右 带有天窗的屋顶仿佛漂浮在"红门"的客厅上方。天窗的安装需要对屋顶进行强力加固，并与房间中心坚实的壁炉相互呼应。壁炉在整个房间中起到了炕的作用，一家人可以依偎在一起看电影，享受炉火的温暖。

"红门"的结构。我保留了旧的木柱和柱身上的石灰,但因为我们拆除了原来两间房之间的砖墙,所以我用钢材来加强对沉重房顶的支撑。在老旧檩条之下,一排马赛克玻璃让照进来的光线也染上了缤纷的色彩。

———

"小长城"是我为一对法国夫妇改造的家。原来房子里没有壁炉，我使用了大块花岗岩石板砌成新的壁炉。屋檐下我增设了一扇长窗，使得整个空间更明亮宽敞，这虽与传统很不一样，但带来了开阔的新视野。

即便是近距离的观察者，也很容易忽视"铁石"中安装在壁炉上方的镜子。虽然有一根巨大的柱子立在房间里，但由于镜子的反照，整个房间仍显得很开阔。与客户交流后，我设计了这个壁炉，面板上雕刻着复杂的圣经故事图案，我设计并在附近工厂定制的灯具散发出的光芒，更能烘托出雕刻的精致。

左 第一次改造"鹰之巢"别墅时新增的玻璃房，如今这座玻璃房已被拆除，以便为右图的新设计方案腾出空地（玻璃房内景可参见 78 页）。

右 我们得到了一个机会，将"鹰之巢"改造成了另一个模样，右侧的新房子融入了东面和北面的山坡，构成新的设计方案。这是我与建造新房子的当地承包商合影，最右边的那位是园林绿化承包商李凤泉，他是为我在慕田峪找到安居之所的人，也是我一生的朋友。

下一页 最终的"鹰之巢"是一个钢筋混凝土结构，外层包裹了从原址挖出来的石块，屋顶上还有一米厚的泥土，我设计了一个屋顶花园和果园。

19
顶天立地

在中国北方，乡土建筑的传统观念是：一座牢固的房子需要厚重的屋顶。瓦片排列得越紧密，排水与防水越有效。"硬山顶"的坡度越陡，拱起就越高，屋顶的轮廓形似一座高耸的坚实山峰。这样也就加大了柱子的承重，将其深深压入土石地基之中，使得房屋更加稳固。

除了"硬山顶"，还有"悬山顶""歇山顶"等中国传统屋顶的样式，其实这是对不同的建筑屋顶看上去好似不同轮廓山峰的描述。中国建筑的屋顶轮廓是其传统美学的重要标志，各种传统建筑材料也随处可见：特制的U形无釉砖、琉璃瓦，屋脊两端的鸱吻，面目可惧，仿佛神话中能够喷水灭火的怪兽；覆盖在屋脊向屋檐延伸的瓦筒末端，具有滤水能力的瓦当……

然而，随着人们品位的变化，在某些场地开阔、材料充足的地方，现代混凝土的使用基本代替了传统的木头和瓦片，成为当代乡土房屋的代表——光秃的平顶，通常只以模具制造的假砖和瓷砖外墙作为装饰。

对我而言，问题不在于是否要保留屋顶的轮廓与线条，而是如何用一种有趣且尊重传统的方式将新旧两种元素融为一体。当我改造一座老房子时，山峰般独立的屋顶线条总是很难连接在一起，我为此花了很多精力去研究。

如果观察传统的中国建筑，从故宫到乡村的民居，在我看来它们的屋顶线条都是单独的，没有互相连贯。你必须走到大厅外面，才能前往厨房。虽然过去一直如此，但不代表着我只能守旧，跟从这种从现代角度看并不实用的方式。设计者有责任改进以前的方法，挑战自己的创造性。

对连续性、连通性，甚至房屋功能有序组合的关注，促使我反复思考如何将屋檐下的空间相互连接，不仅使外部融进内部，同时保留屋顶的轮廓线条。这种方式在我改造的多处房屋中均有体现，包括为一对法国夫妇设计改造的房子，还有"大石头"和"柿子院"。

"石林"的新回廊，展示出木屋原本的木质窗格和石头地基。人工凿刻的踏脚石由此处延伸向老房子大门。屋檐下的空间向右侧拓展，阳光穿过天窗，将温暖带给这个适宜阅读放松的地方。

在"石林",一座优雅的新建筑使另一座传统的三开间老房子重新焕发生机。在与烟囱等高的位置,可以看见邻居家绵延的屋顶,我希望这座住宅融入这个村庄。

改造"石林"时,我试着将原有的屋顶延伸至一长串低矮的瓦片屋顶。这一操作看似简单,却需要将整个房顶重建一次,包括为了在较缓的坡度上使用传统无釉砖而做的高科技防水。

在房屋内部,新的椽子与原有的屋檐优雅相接,空间向外蔓延,形成了深入庭院的藏书室和休息室。这个角落可以终年沐浴在阳光之下,面向老房子,这里有如今已被藏入内部的木质窗格,还有裸露在外的石头地基。站在"石林"的庭院高台上,我们的目光可以掠过振翅欲飞般的檐角,着陆于绵延无尽的长城上。

"红门"主卧套房不对称的屋顶线条，形成一个开阔的大房间。天窗位于套房较低的屋顶上，透过它，躺在床上也可以欣赏到长城的壮丽景色。

下一页 "慕曼峪"老房子右侧新添的天窗，使得主卧室一年四季沐浴在阳光下。

另有一种设计思路，与这种循序渐进的方法形成了鲜明对比。在"红门"的主卧室里，我切断了北侧屋脊的线条，插入一段稍低的玻璃屋顶，透过玻璃可以欣赏到长城的美景。从外面看，这样修整过的两段屋顶具有一种颇为活泼的不对称之美。

我还尝试用彩色的艺术玻璃弥补屋顶高度上的落差，天气晴朗时，穿透玻璃的光线会在地板上形成多彩的光团。

尽管我对屋顶线条十分尊重，并且看重房屋与周边环境的互动。但我偶尔也会打破规则，比如在北沟村为一位电影导演改建的房屋，就通过拆除现有的屋顶来降低墙和天花板的高度。

我保留了所有原本的立面与框架，然后我将窗户开在四面墙的高处，再搭建了一个新的屋顶。钢制的屋顶架在一个独立的平面上，没有与地面平行，其中一个角远高于另外三个。

原有的模式被打破，横梁不再和其他东西相接，就像飘在空中一样。它们变成了真正的雕塑艺术品，屋顶如同飘走了一样。

"山间港口"餐厅在向自然敞开。桌子旁边的石墙原本属于一间耳房，如今这个房间成了卧室。一堵玻璃墙位于耳房尖耸的屋顶线条之上，成为这座新建筑的南侧立面。这座新建筑是在原有老房子的旧址上改造的，老房子已被拆除，只留下较小的附属房间——耳房，融入新建筑之中。

下一页 这是一位电影导演的度假胜地，棱角分明的钢制屋顶上有一扇特殊的天窗。白色的自流平地板于简约中彰显出空间的优雅和现代。

135

20
高墙深院

从某种意义上说，我觉得中国传统文化中包含着一种筑墙的观念。如果一件事物属于你个人，或是你的家庭、你的族群、你的国度，那就最好在它四周建起一堵围墙，让它和你安居于内，将他人隔绝在外。慕田峪这里的老房子并不是真正意义上的四合院，四合院在北京城里往往是三四间长屋环绕一个中央庭院。而这里的农民太穷了，一栋小排屋就能安置下他们的一切家当。但是，只要他们有了足够的钱，他们就会竖起高高的围墙、沉重的大门。

我的建筑设计实践开始于住宅，也一直以住宅为中心，因此我格外留心内部的私密性，这也促使我在设计时总是考虑再三。每当我在村里建一所房屋，我也会立起墙壁。新房间与旧房间就通过墙壁来连接，也通过墙壁，融入周围与村庄的架构中。

而且墙壁还有一个好处，如果房子外侧有一堵墙，那么房子内侧就可以变得完全透明。人们都想感受到安全和庇护，但同样也想感受到与自然的联系，所以我的挑战在于，如何平衡这两种需求。

"心栖地"这所房子是为一个丹麦家庭建造的，恰好坐落于慕田峪仅有的一条公路旁，不时有车辆经过。我设计了三面玻璃的结构，就连淋浴间的屋顶也由玻璃制成。在中国传统的庭院中，即使是花园也被高墙严密地围起。但我希望这座房子在最大限度保障私密性的同时，花园、雨亭等尽可能地对外开放，这样就可以将引人入胜的长城美景嵌入其中。

上 "小长城"的后门。我将各种砖石尽可能利用起来：铺在地上的是回收的旧砖块，白色砂浆与粗石砌成的墙，还有红砖砌的门框与树围。大门上的"福"字，寄托着主人对新年的美好愿望。

下 慕田峪长城盘踞在山脊上，有很多巨石裸露在地表外。

139

设计院墙的时候，我同时要考虑好如何开设窗户。比如，如果你坐在床上，从卧室的窗户向外望去，无法看到院墙，更看不到公路或是车流，你所能看到的只有山脉、长城和天空。想要体会到那种开阔和自由的感觉，前提是安全感和封闭感也不可或缺。

这种保护性的、安全性的设计，对院墙的大门尤为重要。因此中国传统建筑最为关注此处，大多会用一堵优雅的影壁解决这个问题，即用一面具有装饰性的砖石屏风或是独立短墙，隔绝外人从敞开的大门探向私人庭院的目光，不管那些目光是充满好奇还是满怀恶意。

在我的设计中，大多数房屋也都有类似于影壁的屏障，但并不总是以传统的方式展现。以"铁石"为例，我的客户想要一个独特的大门，因此我翻修了草坪上一个现成的棚屋，将它作为某种遮蔽。那个棚屋的石墙非常漂亮，我需要做的只是修复。当访客穿过大门，就会直面那个棚屋的石墙，完全看不到后面。这是一种惊喜，一堵老旧而美丽的小石墙，不仅为主人增加了私密性又给人焕然一新之感。

左 "柿子院"老房子的内部成了改造后别墅的主人套房，南面采光充足，屋顶椽子裸露在外。

右上 "柿子院"老房子的原貌。

141

142

左上　这所住宅由一座废弃的七开间仓库改造而成，厚重的东墙上新开了三扇门窗，这样空间更为开阔。附属的厨房和餐厅使用了同样的玻璃山墙设计。通透、色彩和光线的独特设计，还体现在大门两侧的彩色玻璃灯具中。

左下　"铁石"正门所用的是当地的花岗岩石块，门楣所用的巨石甚至是由起重机吊装到位的。两块大门板由当地的核桃木制成，上面的拉手等则使用了定制的黄铜部件。"铁石"的改建过程长达一年，许多工匠都是村里的邻居，他们后来也成了房主的朋友。

右　这座住宅的入口立着一块奇石，它遮蔽并守护着庭院。

143

实际上,"铁石"的访客需要通过的转折点不是一个,而是两个。越是深入,越能体会到空间的私密性。第一个转折点是门口棚屋的石墙,第二个则在弯曲的小路和楼梯之后,通往房屋的起居室。

"铁石"有两个花园,一个位置较低,一个位置较高。我将较高的花园设计成住宅向外延伸的一部分。为了保护这里的私密性,我们也设置了一面非常传统的中式影壁。它用砖块砌成,再抹上水泥,上面悬空探出的拱顶覆盖着本地砖瓦厂制作的黄色琉璃瓦。那座砖瓦厂现在已经变成我设计的酒店了,名为"瓦厂"。

对于这种遮挡物的设计,我想尽可能体现当地的特色,包括反复挑选的材料与色彩,利用本地的建筑工艺和部件。通往户外生活空间的小路在第二处影壁之前蜿蜒迂回,让主人和访客可以从不同距离和角度欣赏到影壁的琉璃瓦顶。

邻居家的干石棚屋保存完好,
与我设计的院墙可以和谐相融。

上　沿着"大石头"门后蜿蜒的石梯拾级而上，能看到一块守卫着住宅的天然巨石，它和新建好的住宅相映成趣。

中　原有的农用棚屋被翻修成为"铁石"的入口，窗格和大门被重新利用。访客进入这里，第一眼见到的是后面的石墙，这堵石墙就如影壁，与棚屋完美结合。石墙的边角安装了LED灯绳，夜晚也能看到其轮廓。

下　穿过"铁石"地势较低的花园后，可见另一堵影壁守卫在通向主屋的台阶最上方，那里还有另一个花园。影壁顶上的黄色琉璃瓦产自北沟村。另一间由旧宅改造的房子位于影壁左侧，其山墙上新开了两扇窗户。

左上　傍晚的"丁香舍"别墅。我将房子南面的露台抬高了1米，不仅可以一览庭院的内部景观，更重要的是，站在露台上，还可以眺望北面的森林、山脊和长城。在此之前，身在其中的人是看不到这些景观的。

左下　"红门"因大门的幸运红色而得名。此刻它的大门敞开，似乎在向过客炫耀里面镶嵌着蓝天白云雕饰的影壁。进入大门后，访客左转登上台阶，通往令人惊喜的内部庭院。攀附在院墙上的是本土品种的常春藤，每年秋天它们都会变成红色和紫色。

右下　这些经过修复的民居地处大石窑村的最北边，如今已成为"百里乡居"酒店的一部分花园。左侧套房可通过另一侧的私人露台进入，因此南立面保持了原貌，但大门可以不再开启。

21
新旧并置

传统的中国民居大多坐北朝南而建，东西两侧和北面的墙壁通常没有窗户，以免受到西北寒风暴雪的侵袭。因此只有朝南的立面、门户与窗子才赋予老房子活力，就像是一双睁开的眼睛，面向温暖的太阳，面向附近的邻居，面向周围的景色，面向一切。

当条件允许时，我会保留并修复一座老房子的传统木格窗户。比如在为我母亲设计的房屋中，我几乎没有改变任何东西。这所房子的窗子，原来涂刷的青色油漆已经开始从木格上剥落。过去，这样的窗格通常能将房子的上半部对外敞开。严冬时节，农民们仅仅在木格子上粘贴一层厚窗纸，就可以将屋内与积满白雪的院子隔开。而当冰雪消逝，冬去春来，阳光和温暖充满山谷时，自然破损或脱落的窗纸，也将不再阻挡光和热涌向村民的家中。

如今，新设计改造的房屋都会采用现代化的供暖系统，我仍然会采用各种方式尽量模糊室内和室外空间的界限。田仙峪的一所房屋改造后取了一个恰到好处的名字——"心喜苑"，人在其中，可以欣赏到别处无法企及的美丽景色。原来朝南的窗格没有再刷漆，我将正中的房间改造成了一个小小的半开放式门厅，左右连接两间重新装修过的卧室。卧室两边新开的窗户，仍然保留着木格框架，但有双层玻璃挡在窗格之后，这样的传统之美轻而易举地就将现代设计包裹其中了。

右上　田仙峪"卧佛"的老房子位于右侧中部，老房子的立面没有做调整，屋檐下隐藏的灯照亮了原生态的立墙。与之相邻的最右侧是一栋新建筑，里面的主浴室装有悬挂式壁炉。左侧也是新建筑，屋顶的露台可以近距离欣赏长城美景。这栋房子只能通过一条小路步行进入。

右下　从"卧佛"新的大房间内向北望去，目光越过庭院，直抵长城。

老房子就像积木，可以改造成各种新的样子，很有乐趣。保存老物件本身并不是我感兴趣的重点，保留一座老房子的外观和整体感觉，同时赋予它21世纪的现代化功能，会更有趣一点，但这还不是我理想中的结果。

我最理想的房子是"活着的建筑"，用于居住的房子必须为主人和访客带来惊喜甚至挑战。在我看来，如果新旧元素可以在结构上彼此融合，如果当初建造者留下的痕迹能够保留下来，并被新添置的东西所尊重和肯定，这座房子就有了生命和活力。对其住户和邻居而言，都是再好不过的事情。

对我来说，这是一种历史感。我从不热衷于建造一所伪装成老房子的新房子，也无意于仅仅在旧房子上加盖新的房间，使人无从分辨新旧。我喜欢把它们放在一起，并置和对比。

在我自己的住宅里，旧与新没有那么强的割裂感，我在其中设计了一系列不对称的附加物品，以此赋予房子自然生长、生机勃勃的感觉。有一条若隐若现的白线，将高低落差、翻新和保留的不同立面相互连接。一条位于室外的扶手长椅则将房屋两翼、数个附属建筑与阶梯状的庭院连接在一起。

而在"心喜苑"这所房子中，我尤为注意保护它原本的立面，这所房子也拥有包含开放式厨房和客厅的现代独立结构。房屋中放大版的炕，以相邻的现代燃木火炉为供暖来源。在炕的对面，一面玻璃墙尽情展示着燕山山脉的美景——如此接近、如此陡峭，令人目眩神迷，据说那里的白色岩石是裸露在外的最古老的地球"骨骼"之一。

我们看到，大石窑废弃村落的瓦顶房现已"修旧如旧"，并与"百里乡居"院内新建筑的金属屋顶相得益彰，形成了有机组合。新的就是新的，我没有增加任何假的老房子。

———

左 这座老房子如今已是"亭子"的主卧套房。新旧并置，一直是我设计理念的核心。

右 "亭子"室内休息室的另一个角度，三面玻璃墙将室内与花园融为一体，山脊线上的长城美景尽收眼底。下沉式的壁炉成为整个住宅的焦点。

22
闲庭小院

庭院，有点像传统中国民居维持呼吸的"肺部"。据说，庭院出现在中国建筑史上距今已有三千年，而四合院——这种特有的包围式房屋——正是庭院的典型代表。即便在北京以外的地方，大多数中国式建筑也都会在室外设置庭院这样的缓冲空间。不管庭院的位置在前还是在后，面积是大还是小，它总会被建筑环绕，却依然向阳光雨露敞开心扉。

我从来没有建造过一所像传统北京民居那样的房子。有些人在这里开发房产，把房子建得像四合院，但限于面积，并不是真正意义上的四合院。他们在凭空修建一些根本不属于这里的东西。而且那些房子往往过于浮华，不合我的品位。当然他们也可能会说我太自命不凡。

我从乡村老房子的改造开始做起，这些单排的老房子有时甚至连一堵标记村民们财产边界的墙都没有。正因为如此，很多时候我只能把院子设计到住宅里，这种做法或许并不十分正统。在某些房屋改造中，我建造了一些类似于传统院落的东西。比如我为老房子加上偏室，用房间形成的转角圈出一块位于中心的空间。但更普遍的做法是，我会保留两组单排老房子之间的长方形空地，用玻璃回廊或是连通房间内外路径的方式，将这片外部的区域并入改造之后的房屋内部。

当其他树上的花朵已经落尽，此处的野桃花还在盛放。这是我们慕田峪家的北院，从我的书房就可以看到此美景。

左上 "心栖地"南侧的新建筑与右侧老房子的规格相同,但地基抬高了1米,使得老房子后面的群山一览无余。我将中央庭院设计得四方而简洁,并用草坪与建筑形成呼应。

左下 为了给"小长城"的卧室侧翼创造更多可用的空间,我在南侧的屋檐下加建了一个玻璃抱厦。未经雕琢的石墙和木窗格在夜色中释放着温暖的光芒。

右 与老房子格格不入?这座砖砌建筑悬空架在"杏花径"的入口处,在功能上隐藏了空调和楼上房屋的其他设施。我的感觉是,适当规模的新房子会使乡村民居更显丰富和活力。

"亭子"位于慕田峪"闹市区"的狭窄小巷中，我们在庭院内建起了一座现代钢铁建筑，三面被玻璃墙所包围，并设有一扇大天窗。在这座建筑结构内部，上升式的白色花岗岩台阶环绕着下沉式的黑色壁炉，这样的空间和壁炉设计让人想起户外的篝火，或是某个露天剧场。

壁炉对面是一间干净整洁的小厨房，背墙由抛光打磨过的黑色花岗岩制成，光滑墙面映照着附近长城的影子。穿过户外庭院，迎面便是村庄中最古老的房子。它的外表保存完好，内部有一间舒适简洁的卧室和一间开放式浴室，二者由半堵墙隔开。虽然按功能做了分隔，但这些隔间在视觉上仍是一个整体，与"红门"的大房间一样。在"楼

左 藏在"亭子"老房子后面的是一个非常私密的露台，我用废料铺设了路面，并保留了农家的菜窖，同时对部分石砌土墙进行了重新加固。

右 "杏花径"的入口之后是什么？一条非露天的走廊，连接着老房子的卧室和新房子的起居室。在我的许多作品中，新与旧都戏剧性地对立，但又相互尊重。

阁"的主卧室，厚重的北侧墙壁上开了一扇小窗户，由此可以观赏山景，同时也是房间新与旧互相交融的巧妙写照。

隐秘花园实际上是一个山坡上的露台，与菜窖相邻，粗糙的挡土石墙为其提供支撑。露台隐藏在"亭子"的原始结构背面，既是通往崎岖山野的隐蔽之所，也是一个私人的观景平台。站在观景平台上，整座村庄尽收眼底，成片老房子的屋顶与瓦片层层叠叠。远处一座独特的正关台正是慕田峪长城的核心象征。

23
添砖加瓦

长城作为世界文化遗产，屹立于此已经很久很久了。它承载了中国的历史记忆，也凝聚着这个民族的集体意识。那么长城脚下的一座简陋老房子，一座砖瓦厂，甚至是其中的一砖一瓦，是否也可以承载这种文化记忆呢？我将这作为设计商业与住宅作品的核心理念。正是那种属于"家"的温度与感受，那种居住在正在进行的历史中的独特体验，吸引众多游客来到了"瓦厂生态度假区"。

"瓦厂"最古老的建筑围成了一座中心庭院。我对这里的建筑进行了重新规划，新设计的建筑远离中心庭院，这样就不会使人产生新旧交错的拥挤感。原有的老建筑——曾用于烧制琉璃瓦的九座炉窑、工人宿舍、瓷砖陈列室——都被保存了下来，但它们原有的功能和趣味都被重新塑造。

比如炉窑被改造成了包含办公室、洗手间和影视休息区在内的独特公共空间，原有的烟囱则被改造成为不同寻常的小小天窗。我还保留了墙壁上纹理分明的耐火表层，这是被赋予新用途的空间不可分割的一部分记忆。

你可以看到砖上涂了一层耐火泥，而那层耐火泥如今正在慢慢剥落。就如钟文凯所说："大部分人不会想到保留这样的东西，但它又确实是这个故事的一部分——几乎可以被看作是一幅壁画或者浮雕。那些墙壁曾经历过烈火灼烧！"

"瓦厂"酒店曾被评选为全国首家"中国乡村遗产酒店"。这是"瓦厂"的咖啡馆，这里曾是从前工厂的办公室，屋顶上的琉璃瓦都是在这里制造的。

我设计了"瓦厂"的标志，然后聘请了纽约一家企业传播设计公司来完善设计。我们期望用更简洁、更现代的形式体现我们的品牌价值和定位，后来我按照同样的流程改造了"小园"的标志。

设计一座酒店和设计一座住宅一样，要以其功能、使用者的需求以及当地的材料和建筑风格为美学导向。在由炉窑改造的房间里，我特意设计了钢化玻璃和钢铁制成的天花板，这种设计的出发点不仅是让阳光和集成LED光源照亮房间，也是为了保护酒店的住客免于坠物的伤害，这些坠物可能源于原来炉窑拱顶已经开裂的天花板。

162

从前工人宿舍的屋顶上那些腐烂的椽子，我也做了更换，重新铺设了传统瓦片，并增加了蓝色的琉璃瓦屋脊，用以烘托出远处山景。下面的房间被我改造成会议室，唯一完整的内墙被漆成明黄色，这个开放且充满活力的空间与度假区其余的舒适建筑形成了鲜明对比。

在"瓦厂"的中心庭院，本地生产的传统寺庙式琉璃瓦，仿佛为屋子加了一顶"王冠"。全面保存修缮后的屋顶呈现出金色、绿色、青色，是中心庭院毋庸置疑的焦点。以这里为起点，"瓦厂"新建的房屋一排排延伸至酒店西南侧的梯田边。

唐亮说，当她第一次看到"瓦厂"耸立的屋脊和守护着它的"卧佛"远山时，还在营业的"瓦厂"到处都堆满了垃圾、库存瓦片和大批烧砖用的木柴。那时她就知道，这个走在错误发展路上的人工污染源，其实可以蜕变为如今的绿洲。

我不想设计一家普普通通的酒店，我想要建一座花园工厂、一座乡村精品酒店，并将过去的工业气息保留下来。我没有尝试将这座建筑全部换上瓦片屋顶，因为在中国北方，人们不会建造这样的工厂或是老房子。灰色的彩钢板屋顶充满着工业气息，也很实用，但会是美的吗？它的美源于简洁，源于精炼的结构和线条，这些线条随后与传统的琉璃瓦并置，这样可以说是锦上添花。

"瓦厂"旁边的山地，被开垦为梯田式的田园，以保证从酒店的二十五间客房都能欣赏到长城。四排客房被蜿蜒的小径、鱼池和半开放的庭院隔开。栽种了许多本地居民长期培育的，用于食用和装饰的植物，它们相对柔和的颜色与砖块、石板和玻璃组成了新的建筑环境。新建的房屋与原有的结构并列，红砖和不对称的钢制屋顶向外延伸至一层半楼高的窗户墙。房间内部简约至极，都配以砖墙和深色原生石地板。前三排的房间地势较低，接近窗户所在的墙时才逐渐抬高。

钟文凯尤其喜爱这些朝北的房间，这种朝向在当地并不常见，因为按照传统风水的观念，建筑应该坐北朝南。我认为对长期在此居住的人来说，长城已经成为他们潜意识的一部分，他们不需要看到长城也会知道长城就在那里。但对一家酒店而言，长城优美的风景则是一个重要且巨大的优势，"瓦厂"的选址布置让每一间客房的客人都能从不同角度观赏到长城。最后一排房间的地势，实际上略低于前一排房间，需要经过小庭院才能进入，这就为越过相邻的屋顶欣赏到长城美景创造了充足的视野。

左 这块巨大的天然岩石嵌于墙体中，它早先就杵在这里，围墙修建到此处，它就恰到好处地成为围墙的一部分。

下一页 与慕田峪地区的许多山村一样，北沟村起源于燕山山脉的一条峡谷之中，逐渐向南延伸。"瓦厂"占据了一部分最理想的、地势平坦的地方。它的庭院、花园和客房都能共享山峦和长城的壮丽景色。这些建筑的整体布局，可以在我的设计规划中看到。

左 这条拱形走廊支撑着老炉窑不稳定的结构，同时它也呼应了老窑室的弧形穹顶和长城烽火台里的拱顶。我在走廊尽头的墙壁上开了三扇小小的窗户作为设计的收尾，吸引游客前来窥探。

右 拱形走廊位于老窑厂前面，它也是"瓦厂"主庭院的南侧边缘。庭院尽头的屏风墙上开了九扇小窗，这些红砖墙守护着与客房相邻的户外空间，也阻隔了外人望向远处第二个庭院的视线。在屏风墙完工之后，我又加砌了一堵风格迥异的白石墙作为红砖墙的装饰。

24
移步换景

上 这间简洁的小屋是后来加建的，附属于酒店主屋的休息室。引人注目的那个壁炉，并不属于中国传统建筑的部分，却和中国风的庭院最后融为一体，成为酒店新的灵魂。

下 改造酒店的咖啡厅时，需要将四个房间合并为一个，但是横梁不够粗壮，砖墙也不够坚固，无法在结构上提供安全的支撑。因此我们添加了隐藏式的地基，并用钢结构对立柱与横梁进行了加固，它们也成了工厂美学的一部分。吧台中的木头和墙上支架，以及活动中心的橱柜与一张巨大的户外桌子，所用的木材都来自北沟村一棵没有挺过寒冬而枯死的核桃树。

"瓦厂"的这些房间全都以景观为参考，取了独特的名字。比如"卧佛"这个房间，因为可以看见附近形似卧佛的山峰而得名。"主席套房"则源自山坡上巨大的标语"忠于毛主席"。这些房间独特的命名，让这座建筑恰到好处地融入周围的环境中，使用当地独特的建筑材料也是出于同样的考虑。

这些都是我所热爱的东西。窑工们在这些耐火砖上架起木桩，放上釉面砖进行烧制。釉料滴落下来，将这个地方所有的颜色混合成斑斓一片：树木的绿色、太阳的金色、天空的蓝色、大地的红色。釉料和碎砖逐渐堆积成小山，耐火砖则被扒出来进行了替换。改造这座房子时，我们把铺院子或是扔进垃圾堆中的耐火砖都挖了出来，并由当地的泥瓦匠将这些砖块拼成马赛克图案，装饰每一间大床房的墙面。

在找寻这类资源方面，我确实有一些独特的眼光，有些东西在别人眼里或许只是垃圾，我却喜欢将它们再利用，这不仅是设计与装饰的素材，更是对当地文化的一种纪念。

琉璃瓦工厂的许多历史印记也渗透于"瓦厂"无数小径、墙壁和镶嵌着琉璃瓦片的定制灯具中。琉璃瓦本是传统中国建筑的重要组成部分，当它们被我置于普通民居的屋顶、立面甚至地面时，就显得出人意料了。因为琉璃瓦在传统中象征着权力和威严，我却让这些瓷砖与色彩散落在景观各处，让它们不再高高在上，而是成为我们这周围环境的一部分。

对于琉璃瓦的使用，数量控制需要加倍小心。我觉得琉璃瓦是配菜，而不是主菜。使用太多琉璃瓦可能会喧宾夺主，使用太少则又会黯然失色。我会有意查看每个项目，思考琉璃瓦在其中如何应用，就像电影布景一样，需要格外重视细节。尽管我是功能主义的坚定拥护者，但人类的灵魂总是渴望在物品上添加装饰。

比如将琉璃瓦铺在一个钢架上，再由橡子支撑，这样一来造型就与传统中国屋顶相去甚远了，这是主庭院以北水疗花园旁边的一个凉亭。钟文凯认为："钢架不仅是景观装饰的一部分，也可以被看作一个抽象的建筑。不管是在概念上还是物理上，都令我着迷。"

在花园中心临近瑜伽台和荷花池的地方，立着一座长方形的砖砌棚屋，在平台上它给人一种遗世独立的感觉，在那还可以遮阳避暑。砖砌棚屋的另一面正对着厨房花园，上面用碎琉璃瓦拼成了一句俗语"吃水不忘挖井人"。

这句用碎琉璃瓦拼成的俗语，象征着对工厂的纪念、与工厂的联系，也正是同样的意义吸引了大批游客来到"瓦厂"。它也阐明了我建筑设计的一个特点，即根植于本地的社会关系和物质基础。本土的工艺和材料不但为"瓦厂"独特的建筑和设计创意提供了素材，而且将这座花园工厂与我们改造的过程紧密相连。

这是对活动中心结构进行加固的另一案例，钢结构与照明系统融合在一起。这些会议桌的前身是"瓦厂"的榆木家具，我对家具做了重新设计，并由一家乡村工厂手工打造。远处墙上悬挂的是韩巍强为我创作的两幅画。

左 这个房间是老窑室改建而成的，我们用钢结构加固了它的拱顶。黏土等混合物附着在砖墙上，构成了斑驳的防火表层，嵌入式的照明让房间显得古朴而柔和。房间中央的窗户曾是窑室的装料门，如今需要从厚重北墙上新开辟的门进入房间。

右 "瓦厂"前排的房间较为低矮，人们因此可以欣赏到屋顶之上远处的群山和长城。长廊将这些房间串联在一起，这些房间的另一面自带大窗，可以将美景一览无余。

左 水疗中心的阳光护理室，面朝一个私人庭院。在距按摩室数步之遥的桑拿室内，上方窗户所呈现的长城美景会给宾客带来惊喜。到了夜晚，两条马赛克图案装饰的灯带，则会散发柔和的光芒。

右上 水疗花园的小径由工厂棚屋回收的砖块铺就。从春天到秋天，左侧的菜园里总会种满各种蔬菜：生菜、韭菜、菠菜、辣椒、卷心菜等。

右下 荷花池对面的水疗中心，线条简洁修长，窗户高度仅高于人的身高，以保证水疗中心的私密性。

左 一位当地的工匠用碎琉璃瓦片设计了这面墙壁，好似彩色的波浪。我打算将其作为水疗中心室外按摩、淋浴和瑜伽的场所。远处的天空和山峦时刻在变化之中。

右 在这幅春天的图画中，有温泉花园西侧的一条露天走廊，走廊上有一个虚拟的琉璃瓦屋顶。几千朵鸢尾花在竞相绽放，未来几年，金银花和紫藤会渐渐淹没这座长廊。只有在冬天，头顶的天空才会探出头来。

25
共生共处

场地是创造空间的开始。我这样说，不仅指场地的所在位置，还关乎场地的社会环境以及周围已经存在的一切。这些中国村庄作为人们的家园已有五百年历史，家庭和宗族与此地联系密切，有着深厚的感情牵绊，他们将自己视为管理者。

在人群聚居地建造房屋，不仅要考虑地形因素，也要考虑社会因素。不管一处房屋如何修建，在一个村庄建造一处新房屋，都意味着将加入这一场已经延续了数百年的文化交流。我提出的第一个问题是应该如何加入？贸然加入并非没有可能，何况在某些特定情况下，一座美丽的现代住宅可以与周围的乡土建筑相得益彰。

开满鸢尾花的院子，传统的屋顶与现代的窗户也可以很和谐。

建造一些全新的东西，相当于与周围开展一场不同的对话。这样的行为，这个选择的好坏，取决于你所在的社区，我不予置评。而我选择了另一条路，一条并置折中的路。

从西方的视角来看，折中的路通常不被人们尊重——既非此，也非彼，那就很可能毫无可取之处。但是在这里，在这些长城脚下的村庄里，我认为折中的路，意味着不仅要尊重当地的习惯和传统，又要在此基础上有所延伸和创新。

踏上这条折中道路后，我所设计的房屋，甚至让寻常路人也感到惊讶。在村庄的建筑群中，我的房屋时而出现又时而消隐。从某一角度来看，我设计的房屋几乎泯然众人。而从另一角度，它们又强烈吸引着人们的目光，在久久的凝视中，勾起人们的好奇心，不管他是当地人还是游客，均是如此。

"小长城"的两层花园由一条用石块和砖块砌成的曲曲折折的斜坡步道连接，步道环绕着几棵巨大的老栗树。我们没有移走这些树，而是围绕着它们规划建筑。这就是我设计理念的核心。

183

坦率地说，当我设计一处房屋时，我想要尊重的并不只是一个破旧的小茅屋，而是想让它与村庄融为一体却又有所不同。由单个住户以零散独立的方式对老房子进行改造和升级——这样才算是鲜活的建筑，而不是外来者强行闯入，驱逐当地的村民，并盲目地修建一座没有根基的博物馆。

与大规模的移民和一厢情愿的"修复"形成鲜明对比的是，我的目标是将新建的住宅或房屋融入历史悠久的村庄和社区，而不是替换掉其中的住户或是简单推倒他们一直居住的房屋。

我不拆除老建筑的主要原因是，它们自带的历史感和地域

老院子里，新长的藤蔓开出了小花，还有一个金黄的大南瓜，这些都像是新旧并置的体现。

在拍摄本书的一些图片时，我们的造景师设计了一些静物场景，就如同大型的插花，以表现我设计的作品中室内和花园的关系。这里我们看到的是"亭子"主人套房外墙的一角。只有木窗之后的玻璃告诉我们，这是现代而非古代。

感。当然，这样做也有碳排放量的考虑。如果充分利用已有的老建筑，你就能节省许多的原材料和能源。问题是，这些老木屋并不是那种能给你带来美妙空间的宏伟豪宅，通常我和我的客户都会想要这样的"豪宅"。你如何以尊重的态度把一个穷人家的住所变成一所宏伟的建筑呢？

从村庄和社区的角度来看，这项改造升级的工作异常复杂。如果说 1986 年慕田峪长城的开放是变革的一部分，那么它的新发展，可能会使慕田峪村成为中国现代新农村新社区的典范，或是走向完全相反的一条路，成为一个封闭景点里的"伪村庄"，或是最糟糕的，成为一个完全没有村民居住的"鬼村"。当一个本土乡村处于消亡的边缘时，现代化改造不一定都是好事。也许，经过深思熟虑的现代化，才能有真正的生命力与审美的独到之处。

传统木窗格前面绽放的花儿。

来中国之前，我在美国各地的成长经历使我见识过一些实质上按阶层划分的城镇。富人们聚居在一个附近有便利商超和优质学校的地区，而普通劳动者则往往聚集在教育、卫生和安全状况不佳的地方。

共生共处，需要倾尽整个村庄之力。这句话听起来很简单，其实别有深意。不仅仅是富裕者不能独善其身，更是关于一个和谐村庄的建设。如果人们不能住在一起，他们又如何相互理解与尊重？没有人敢说多元化的社区生活就一定会顺风顺水，但些许矛盾不应该让邻居们以悲惨方式分崩离析。我觉得一个村庄的基础设施，需要回应村民们共同生活的挑战，需要用精心设计的公共区域和私人宅院，来维持公共和私人需求之间的动态平衡。

纵观历史，社会总会分为不同的层次，或是富有，或是贫穷，但是我相信共同的生活会激发出一种基本的平等感、真正的同理心。这就是我在村庄社区中，为客户设计建造房子时，所真正渴求的东西。

出租一座废弃的老房子，并不能使一个农村家庭一夜暴富，绝对不可能！但是，这样确实在一定程度上促进了这片土地上人与人之间的平等。因为这个村庄和社区的房产升值，一座院子的十年租金现在也涨至大约 15 万美元。这笔钱会直接转到乡村家庭账户上，村民们将这笔钱用于各种明智而富有创造性的用途，比如照顾老人，让孩子接受好的教育，改善自己的住宅和生活。

具有数十万年历史的原始花岗岩、新砌的红砖围墙、一岁一枯荣的艳丽花草，共同呈现在人们的眼前。

上 在群山环绕的村庄，房屋时而出现又时而消隐。从远处看，我的房屋也若隐若现。

下 稍微走近一点，这些改造后的房子就会十分吸引人们的目光。那些现代设计的元素，会持续勾起人们的好奇心。

"板栗山"新建的加高的起居室从我们保留的果树后面探出头来。砖石铺就的灰色外墙为壁灯和室内吊灯的亮光提供了中性的背景，这让我想起了蒙德里安。

26
有机建筑

当人们聚居在一起的时候，他们就会关心他们居住的共同体——社区。我坚信的这一信念，来源于我自身的经历——我和唐亮搬到慕田峪村居住后，在村主任的推动下，我们开始关心这个村庄的发展并愿意为之做出贡献——开办"小园"餐厅就是起点。

我对房屋的重新设计与改建，不仅影响了当地的经济和社区，也影响了更为广泛的建筑环境。最让我感到受宠若惊的是，当村里的本地居民手头宽裕之后，他们新建或装修房屋时，竟然也会采纳我的一些想法，这样他们的新家住起来更为舒适。这是一种简单的奢侈——你并不需要一座巨大的房子，而只是需要一所宜居的房子。就像我对"侘寂"美学的理解，其实体现的是建筑者尊敬人所创造的不完美东西。

对房子宜居性而非规模大小的关注，还与"有机建筑"的理念有许多共同之处。"有机建筑"的理念最初由美国建筑学家弗兰克·劳埃德·赖特（Frank Lloyd Wright）提出——将注意力更多地聚焦于一栋建筑的功能生态、一座房屋的特殊性以及持久的生命力之上。"有机建筑"的主张给了我很多灵感和启发，在村庄和社区里，利用现有房屋的基础进行改造实践。我对房屋的定位，不仅体现为在结构上对外界透明，而且同样体现为对本地材料和乡土风格的包容——在每一座房屋中，都有记忆和创新。

上 正在建设中的北沟村"虎丘"。左边是老房子，右边是新建房。房子的最终布局可以在目录前的图纸处查看。

下 这是我在北沟村设计的另一栋别墅的新增结构，悬空的钢架飞顶中镶嵌着钢筋混凝土核心筒。

我发现，融合记忆与创新最行之有效的方法，就是在我设计的项目中保留并改进传统的工艺和元素。依托于本地材料和本地工匠制作的设计品和装饰品，往往饱含深意，又令人惊叹。

我很喜欢现代建筑的简单优雅之美，同时我也喜欢装饰性的工艺美术。赖特是我的英雄，他热衷于那些非现代的引人注目的装饰，但那实际上也是对工艺美术的执着。装饰的细节和独一无二，正代表了我们在生活中渴求得到的那种爱和灵魂。

我曾经去拜访过赖特位于亚利桑那州的家，建筑师用当地最为寻常的材料——混凝土和天然石材——建造出一座无与伦比、超凡脱俗的房屋。在我看来，这座房屋之所以现代，主要是因为它具有那些生活舒适的特质，它为住户提供庇护之所，也对他们有所启迪，同时将他们与这个地方不中断的历史建立了联结，与季节的韵律和千变万化的景观建立了联结。

说到这还有个故事与小插曲。慕田峪村有个年轻人到西安上大学，学了五年的建筑学，在他快毕业的时候，有朋友推荐他来我这面试。然后我就跟他聊："你最喜欢的建筑师是谁？"他说："赖特。"哈哈真是巧了……因为这个年轻人是他家里第一个上大学的孩子，真正地从山村里走出来的。所以我建议他最好回家问问爸爸妈妈，是否同意他到我这里工作。果然他回去一提这个，他的爸爸妈妈就不同意。

虽然一般学建筑的年轻人，毕业后只能到设计院做基础设计，可能过 20 年只能设计一些管道什么的，根本没有机会真正设计一座房子。但他的爸爸妈妈仍然希望他走那条路，有个稳定的"铁饭碗"。

从这个故事中，你可以看到，传统思维和现代观念的冲突。后来我想了一个两全的办法，让他在设计院工作之余到我这里做些事情，他也额外赚了不少钱。他是个接受了很好教育的年轻人，我还去参加了他的婚礼。

其实我为什么喜欢做住宅和别墅的改造？就是因为可以独立设计房子，一个人就能够创作一个完整的作品，而不是像摩天大楼的设计工作一样，要成立一个设计委员会。有不少在设计院工作的建筑师都很羡慕我，羡慕我可以独立设计房子。我唯一的限制，就只是需要满足客户，而非设计院、委员会等团队协作方面的限制。

赖特的"流水"别墅。

左 "铁石"三层楼高的螺旋楼梯由厚松木板制成，用螺栓固定，螺栓上覆盖着用当地黑核桃木做的螺帽。我们从楼梯顶端的玻璃平台垂直向下望去，视觉更为魔幻。

右 透过"心喜苑"客厅的北面窗子，可以看到卧室厢房未经雕琢的外墙，其瓦片屋顶将人们的视线引向绵延不绝的长城。

保护传统与展望未来，这两个原则，使得我的设计倾向于藏好自己手中的底牌。通过从限制到开放、从乡土建筑到现代线条和空间的转变，这样逐步过渡的设计，足以令人惊喜。我以自己的方式遵从了赖特的设计原则："建筑之所以为建筑，其实质在于其内在。"

必须承认，在客户的要求和我作为建筑师的设计追求之间，曾经出现一些常见的矛盾，比如说，客户希望在设计中更多倾注于前端，打开房子的门，迎面要有巨大的客厅，里面的空间大到无法充分利用。紧随其后的却是狭小的卧室、狭小的卫生间、狭小的厨房、狭小的车库。如此一来，这座房子不仅无趣，也很局促，住着不舒服。

对我而言，一座宜居的房屋是一系列审美与功能实现统一的空间。这种理念使我尤为看重房屋的连接点，因为它们是房屋的重要功能区域，也是实现新旧对话设计的关键所在。在很多项目中，这些转化的时刻——从旧空间到新空间，从传统材料到现代材料，从乡土建筑到定制建筑——房子在此时仿佛拥有生命与呼吸，可以让住户感受到在自己家中独一无二的喜悦。

左 现在，我们可以看看"杏花径"的现代风格设计，包括简洁的线条、开阔的空间、宽大的窗户、柔软的长炕以及温暖的壁炉。

右 站在"小长城"的一扇门槛上，俯瞰脚下。红铜制成的门槛外是长城砖与手工凿成的花岗岩；门槛内是河水冲刷的圆石。"上帝"就住在这些细节之中。

这是我们的造景师创作的另一处静物场景。我喜欢我创造的空间拥有美丽的、戏剧的背景，无论是自然的还是创造的。

之前说过，自由体的诗歌是最难创作的——所以建造玻璃房也是最难的。所有的一切都是透明的，并且经历了从无到有的过程，某种意义上可以说是自给自足。但这也同样是打破既定样式的巨大挑战。样式会产生共鸣和韵律，因此在情感和记忆层面有不同的影响。

共鸣和韵律与原始的老房子遥相呼应，不管是学校、工厂还是老房子，它们都是我的现代建筑设计的源头。虽说老房子的样式会存在伦理、社会以及结构的限制，但我对工艺、对保护和展望、对简单奢华的关注，给予了我空间设计上的灵感，引导着我的建筑设计方向。

我认为建筑师有责任不断学习，建筑学与物理或数学不同，尽管它也会用到技术和工程，但它仍然是一门艺术。况且我们在建筑中生活，在建筑中工作，在建筑中思考。建筑也是一种人类的天然追求，铭刻着人性与人文科学，需要时间才能慢慢成熟。在漫长的职业生涯中我们需要学习许多事物，这意味着一种责任：持续不断地学习、完善所做的工作、娴熟地使用技术，以更低的成本建造，更好地适应环境。

独立而又经验丰富的建筑师是最有创造性的设计师。他可以一直工作到死去的那一天。

左 "丁香舍"是一座小房子，最初的主人为了赶时髦，南墙用了水磨石，屋檐也涂上了鲜艳的油漆。那我要怎么做才能尊重和展示这些呢？

因此，我进行了建筑干预。首先，用一个巨大的推拉门取代了之前的一扇小门，并且改变了窗户的布局，在左侧做了一面实心墙，增设了一扇圆窗。其次，我找到了一位工匠，他可以用色彩柔和的水磨石在整面墙上完成我的新设计。最后，重新粉刷了屋檐下的椽子和横梁，并用下方的灯带点亮它们。

右上 "丁香舍"的原貌。

右下 "丁香舍"原来的门房结构几乎原封未动。我所做的只是开窗、刷漆、重铺地面和增设照明，绿色的铁门也是原装的。我的设计方案允许我的客户在将来有条件的时候扩建房屋并加盖二楼。

下一页 现在看到的是"百里乡居"的瑜伽平台，它部分位于野花和杂草丛生的老房子遗址上。当时，有很多人劝我修复这座老房子，以获得更多的建筑面积。但很高兴的是我最终保留了这处遗址，事实证明"少即是多"。

27
咫尺长城

长城是一处闻名世界的文化遗产。能够参与和长城密切相关的村庄建设，我深感荣幸，也觉得是一件很有责任的事情，不管是从个人角度还是从文化角度，我希望建造的房屋可以与周围的环境融为一体。虽然我的设计通常需要考虑客户的定制需求，但这些作品最终也会成为在长城脚下生活的一部分，其结构和外观也都会具有公共意义上的独特性。

长城附近区域的发展该如何体现出对长城的崇敬之情，这一难题其实一直困扰着当地居民、访客、学者和环保主义者。需要再次强调的是，我觉得这种平衡极其脆弱，就如慕田峪村的村主任所言，如果发展停滞不前，游客本就稀少，更不会对周围的村庄社区产生关注；而如果发展过度，原有的村庄社区则又很可能就此消失不见了。

在距离长城咫尺之遥的位置，胡乱进行建筑施工，不仅是对历史文化遗迹的不尊重，也会对自然树木脆弱的根系和地表造成严重破坏。它们共同支撑起长城这座石头堡垒已有两千年之久。

破坏是多种多样的。我的朋友、长城学者威廉·林赛花费数十年探索长城，他曾目睹长城的基石和砖块被人们掀开，只为捕捉下面的蝎子——一种据说销售潜力巨大的难以描述的食物。他也看见无数塔台建在长城周围甚至长城之上，只是为了提供或者加强手机和电视的接收信号。

正如林赛所看到的，在长城脚下心怀崇敬，永续地发展与生活下去，对新来的游客和长期生活在此的居民而言都是一种挑战。比如在慕田峪，周边村庄的村民被禁止在旅游景点出售商品，只有慕田峪村的村民才有这种特权，由此造成周边地区居民巨大的收入差距。而在设计和经营小型企业，如北沟村的"瓦厂"生态度假区时，我和合作伙伴通过将长城设定为游客"目的地"的概念与周围村庄相融合，以此方式来解决收益共享的问题。有一条线索可以将我的每一个项目联系在一起，即每一座房屋、每一个酒店

一环套一环、这一处关联下一处，我很喜欢本地传统门窗的装饰纹理，它们或许是木质的，或许是铁质的，我都借用来融入项目之中，使之成为既古典又现代的元素。

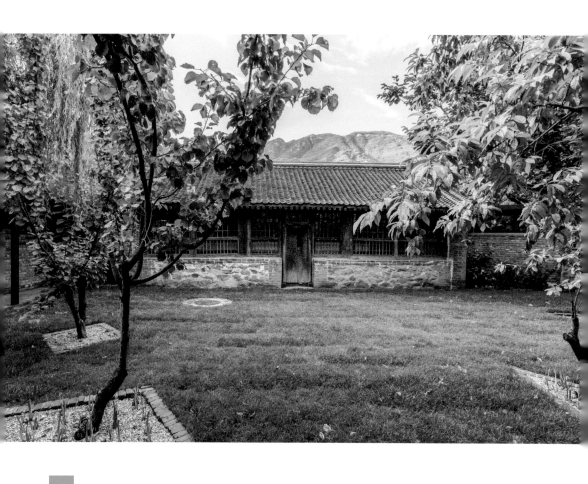

从"杏花径"新建筑可以看到老房子和北边的山。

改造前的"杏花径"老房子。

房间都能欣赏到长城风景的设计目标，时时处处提醒人们，此处就是大家的"目的地"。

当然，还有太多的不完满之处。建筑四周的环境都应当是美丽的，我们生活的这个世界，到处都是自然美景，到处都是形态各异的环境和景观。我们每一位建筑设计师都有责任尊重并留意这一点，也有责任通过建筑向这个我们不断认知、交流和感受到的世界致敬。

巍峨的长城，绵延的山峦，层层叠叠的梯田和铺满瓦片的屋顶——我的设计小心翼翼地融入周围的一切，又时时表露真实的个人心声。我通过设计、建造家园，为客户提供与长城进行私人接触的机会。例如，从淋浴间中可以欣赏到长城、花园和悬崖峭壁的风景。途经公共露台、庭院和小径时，可以惊鸿一瞥看到长城的景观。

建造家园？扪心自问，当我与一位客户开始合作时，我所想到的是那人第一次迈进建造完工的房子时，他或者她，会有一种回家的感觉。这些定制的房屋是为每一位客户量体裁衣、量身打造的。至于这种对某一个人需求的特别关

各种色彩组合的窗玻璃与灯罩，使得这所房子里有一种蒙德里安式的
现代艺术感。

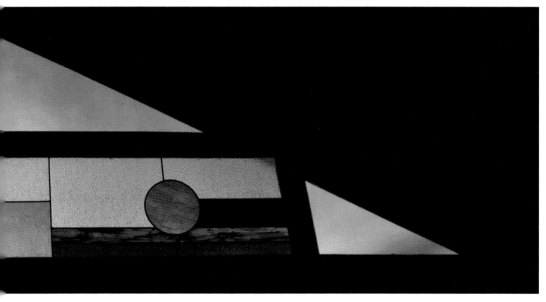

注，是否还可以扩大到更大的群体，扩大到更多不同的建筑中？我认为在某种程度上是能够以此类推的。

每一位客户，都有可能成为我的老师。我还记得第一次接受委托，设计一座房屋中的壁炉时，客户看了看我的方案，然后对我说："萨洋，这个很不错，但我知道你还可以做得更好。"那是一个关键时刻，我不仅重新设计并改进了那个壁炉，还开始享受为特定的客户设计、建造独一无二房屋的挑战。

这种对独特性的感同身受，如今已融入我设计的所有建筑中，成为我对社区与个人空间的理解基础。客户也好，社区也好，两者都教会我一个道理："家"是私人的住所，也是建筑在公共关系与结构中的体现，而建筑环境则是村庄、社区中所有人更广义的"家"。这意味着社区首先要以家庭为基础，同时也要以邻里为基础。

回首往昔，曾经的我，从未成为社区的一员。高中毕业之前，在我成长的过程中，大概去过美国十所不同的学校。在我五岁、十岁、十五岁的时候，我几乎没有朋友。但是在我来到的慕田峪村里，村民和朋友之间的相互认识可以追溯到孩童时期。大多数情况下，他们一直住在同一个地方。可能说不上有多么亲近，但是村民之间总有一种隐隐的关联，因为他们经历过同一段时间与空间。

在以前的生活中，我从未在任何地方有过这种体验，直到我来到这里。这里是我的心之所归，就在长城的脚下。这就是我的家。

这扇窗户像春天的冰河，出现了许多裂痕。这些"冰裂纹"的木窗格加上玻璃的窗子，使得这所房子有一种童话般冰雪世界的古典感。

左　这是我为母亲建造的房子——"奶奶家"。它已经不复存在了，因为租约期满后，房主把它拆除了，又建了相连的两栋三层楼住宅，他的两个女儿各住一栋。我并不为此而感到悲伤，因为没有什么是永恒的。也许再过一两代人，一位年轻的建筑师会被委托再次改造这栋 21 世纪初期建造的房子，并使之更加现代化。

右　在这张未经修饰的照片中，我成功捕捉到了当初设计"小长城"及其花园时的灵感。

28
以此类推

怀柔是北京占地面积较大的一个区，这里有很多段长城，自然风景十分秀丽，但总人口却比较少，非常适合休闲与度假。

从建造长城脚下的"家"开始，以此类推，我已经为朋友们改造了怀柔区许多栋老房子，主要分布在渤海镇的慕田峪村、北沟村和田仙峪村。和其他的乡村建设项目有所不同，这些老房子从外观上看，与几十年前并没有特别大的差别，但内在却完全不同了。在我看来，内在是满足生活的实际需要；而保留老房子的外观，则是对中国传统建筑及精神的一种尊重。

建造长城脚下的"家"，只能算是我的第一个乡村建筑改造项目。身边很多朋友都非常喜欢，纷纷找我帮他们设计改造老房子，作为周末度假的地方。除了我，越来越多的人向往慕田峪，想去那里做村民，住在这样一个地球上的天堂。

于是，2005 年我辞去了一家医疗公司高级副总裁的职位，提前退休了。虽然妻子唐亮不是很乐意，但我们还是把其他地方的房子都卖了，彻底搬到了慕田峪生活。我也终于可以去做自己喜欢的事情——做一个专职的建筑设计师。

2006 年，我改造完成了第一个私人的度假别墅"小长城"。业主是一位法国人，也是我朋友的朋友。后来很多位业主，都是这种拐着弯认识的朋友。

这个度假别墅由两个并排的、高低不同的老房子组成。法国人非常喜欢中国老房子的传统土墙，我便保留了它的外壳，但在土墙的南侧加建了一组同样长度的玻璃屋，这样不仅扩大了老房子的室内面积，也起到了保温的作用。

为了能够将空间串联起来，我在两个老房子中间又新增了一个连廊，高度低于老房子的屋檐，看起来非常和谐。室内、室外铺地的材料，则都是当地用于维修长城的砖。因为两个老房子高低不同，我在室外设计了一个曲线型的斜坡。站在百年的板栗树下，可以眺望到远处长城上的正关台*，那是非常别致的景观。

还有我和唐亮的好朋友杨杰，她和家人平时在北京的顺义区居住。但在城里生活，她总觉得被密集的大楼裹挟着，有压抑感。七八年前，杨杰请我帮忙租下了田仙峪村的一处老房子，改造成一家人周末度假的去处。

改造花了半年多的时间。新居分为前后两栋，前面是开放式的客厅和厨房，后面是卧室与休息区。白天，一家人都喜欢待在客厅，陪孩子做做游戏，或者聊天看书什么的。

自从有了这个可以度假的新居，杨杰平常也会偶尔独自来这里放松一下，看资料或者写东西。20 世纪 50 年代出生的杨杰，特别怀念小的时候，学校曾经组织他们下乡去割麦子，甚至住在农民家里，体验农民的生活。她说到了这个年纪，她和一家人再回到农村，实际上是在找寻当年下乡的感觉。

我设计的建筑作品中，自己最喜欢的一个私人度假别墅名叫"心栖地"。这个房子后来被刊登上了美国的《安邸AD》杂志。

原先五开间的老房子位于东侧，现在被改成了卧室和书房。南侧开放的公共空间是新建的，屋主常常和朋友们在此聚会。新建的房子南边紧挨着街巷，考虑到私密性和采光，我只在比较靠近房檐的位置，设计了一整排高窗。下午的阳光从高窗斜照进来，温度与色彩都比较柔和。

因为北边正对着山景和森林，我将新建的房子整体抬高了一米，正对着山景的这一侧，还设计了一整排落地玻璃。无论屋主坐在客厅沙发上聊天，还是在厨房里烹饪美食，一抬头就能看到崇山峻岭的美景。

位于北沟村半山腰的"鹰之巢"，屋顶下面积约 1200 平方米，是我设计改造的面积最大的一所房子，业主也是一位

* 正关台也称慕田峪关，其三座敌楼并立，在长城建筑史上极为罕见。此关建于公元 1404 年，也即明永乐二年，当时的战略地位十分重要。北边是塞外瓦剌驻地，南边是进京的通道，西边还有进入皇陵的捷径。此关长 40 米，上下相通，有多间内室，可驻兵、囤粮。从关口望长城内外，视野极为开阔。

外国人。

在保留老房子外部结构的基础上，我把它设计成了一栋能防止 8 级地震的新建筑，这项工程相当复杂，光是设计图纸就做了 17 版，把我折腾得够呛。

为了与周围的环境融合，我们在屋顶上种满了植物。外人从远处看，只能看到露天的花园，像老鹰的巢穴一样隐蔽而神秘。

"水映"是 2008 年完成设计施工的。客户租下了原本的农民房和猪圈进行改造，因为占地面积不够大，我还新建了一栋三层楼以增加空间。两栋房子通过地下隧道相连，因为室内外的地基有高差，从路边经过时，看上去似乎仅有一层楼高。

在新的三层楼里，我设计了一个中心旋转楼梯，每节踏板都是三角形的，材料则是很厚的白石板。为了保证安全，楼梯四周安装了玻璃扶手，与两侧的墙体保持了几厘米的距离。整个楼梯因此看起来像是悬浮在空中，别具一格。

三层楼的顶层是一个挑空结构的loft客房，天窗也是用大玻璃做的，冬天能保证采光与保暖。后院还设计了一个五边形的双层水池，小朋友夏天可以在里面游泳，这一功能非常受到家庭游客的欢迎。

我设计改造的建筑中，面积最小的只有 80 平方米，那是我为妈妈设计的。新冠肺炎疫情发生前，她几乎每年都会专程从美国来到北京探望我们，而且一住就是一两个月。为了让妈妈待得更舒服一些，我们专门租下了这栋老宅给她住。

这是唯一一栋我没有新增建筑的老房子，室外的院子与墙也被完整保留了下来，我只是把室内的墙体和梁架做了加固，安装了新的推拉窗户，以保证随时通风。每年妈妈不住在北京的时候，它也会作为民宿对外开放。

我和唐亮刚搬到慕田峪村的时候，怀柔还只是北京郊区的一个小县城。在我们陆续改造了近 40 栋农民房的过程中，当地的人们也得到了启发，纷纷效仿我们的设计思路，这样一来，附近村庄的建筑审美与租金也都涨了不少。

直到如今，仍然时不时会有朋友告诉我，某某地方的一栋房子模仿甚至抄袭了我的设计方案与建筑作品。他们提醒我："看，他们又抄了你的东西。"而我的回答总是，有人模仿和抄袭我的作品，说明我做的是正确有益的，也是对我的欣赏和认同，我感到非常高兴。

何况，他们永远抄袭不了我的下一件作品！

右　在疫情期间，客户委托我和钟文凯负责一栋三层住宅的设计，并且我还负责在中庭设计一件艺术玻璃装置。光线、镜子、艺术玻璃，在微风中折射出各种变化，我称之为"大理布吉沃基"（Dali Boogie Woogie）。

下一页　夜幕降临，山峦披上了紫色，中国人把这种天空的颜色叫作"暮山紫"，我的家也将再次隐入梦乡。

29
良师益友

设计有时候像是一种魔术。一扇精心设计的窗户，可以将你的心神引向远方；一个特别安置的物件，能够让你对它的由来浮想联翩；一座小小的新颖建筑，也能使你对周围的老房子产生全新的理解。

我喜欢建筑设计，某种意义上也可以说是我对这种魔术着了迷。当然，这个魔术的背后，其实是对一个项目的深入思考，离开了思想与创意，建筑技术根本不足为道。

在我来到中国的近四十年里，这个幅员辽阔的国家发生了举世瞩目的变化，几千年来以农业田园为背景的传统建筑，逐渐被以工业现代化为背景的建筑所刷新。大多数建筑师，都将自己的目光全部投入城市之中，很少人将目光再次投向乡村及传统建筑，而埋藏着中国文化底蕴的乡村，正是我现在致力于工作和学习的地方。

自我开始建筑设计以来的近二十年里，我在慕田峪村及周边村庄的范围内重新思考了我的生活、工作以及设计理念。乡村生活的方方面面，乃至中国乡村的社会结构、习俗与常用建筑材料，我都得以有所认识。

这并不是一种隔岸观火式的远程学习，而是我和家人真正扎根于中国农村的实践。至今为止，我所设计建设的近40栋房屋，都是在原有乡村老旧建筑的基础上重新设计

改建而成。而且使用的都是当地采购的材料，并与当地施工团队进行合作。在中国北方的四合院式的住宅中，在万里长城的北京段，我有幸对乡村建筑的可能性进行了一系列新的试验。

在某一处设计中，一个玻璃亭子占据了庭院的中心位置；而在另一处设计中，老房子之前的屋顶完全保存，新的设计完全藏于其下；在其他一处设计中，屋顶的流线正好表达出我的设计理念。不论形式如何变化，每一次新的设计，都是我与那片土地上一直存在的事物所进行的一场对话。

必须说明的是，从二十多年后的今天回首，一开始我并不清楚自己的建筑设计能够发展到何种程度。我只是持续地投入时间成本，回报才慢慢显现出来。中国的村庄因其根深蒂固的传统与保守而闻名，极少有外国人能够使用汉语扎根于此生活。

左 被遗弃的大石窑村坐落在山谷西侧，夏季这里几乎被玉米地包围。

右 在大石窑村原址上建成的"百里乡居"，一派深秋的景象。

但对我来说，一路走来，却是那么自然而然，我只是一开始就尊重这一切——建筑的材料、人们的习俗、传统的文化——我能够顺利地在这片土地上安家，得益于我所做的绝不是为了标新立异。我改造的房屋，总是安静地与周围的一切融为一体，却在不知不觉中为这个村庄未来的发展提供了一个可信的案例。

当初在美国读书时，我就很喜欢临摹建筑图案并手绘图纸，那是我从小的兴趣所在。但我之前并没有系统地学习过建筑设计。在美国加州大学伯克利分校上学时，我读的是政治经济学。所以最初设计房子时，我常常因为经验不足而犹豫，但良师益友们的帮助，让我很快如鱼得水，这一切都让我始终心存感激。

接下来就要说一说"百里乡居"以及我的朋友与合作者、建筑师钟文凯。

"百里乡居"位于北京市延庆区的一个偏远山区，原本是一个荒废的村庄。我受客户委托，与钟文凯一起完成了它的一期改造，把里面二十多个废弃的老房子改成了度假酒店的客房，同时将 1977 年建造的一间老校舍改建成了书吧。

原本的荒村慢慢有了活力，成为一个现代化的度假目的地。这个项目也被评选为 2018 Architizer A+（酒店和度假村）国际设计大奖。

除了由老房子改建而成的酒店外，"百里乡居"里面还有两栋独立的别墅，它们都有自己的大门。在这里，我们在老房子的基础上向南扩建了一栋新建筑，南端留出了有顶的门廊。

钟文凯曾在美国莱斯大学和加州大学伯克利分校深造，并在纽约贝聿铭·考伯·弗里德及合伙人建筑师事务所担任项目建筑师。他与我合作也有十多年了。

还记得第一次见到钟文凯，是参加"四合书院"创始人胡新宇主持的一个沙龙，探讨我对中国乡村老建筑的改造与再利用。结果我们一见如故、一拍即合，他和未婚妻甚至决定来"小园"举办婚礼。

不久之后，我大胆地询问钟文凯，他的团队是否愿意为我的设计方案制作图纸和模型，以便为我的客户、工程公司和承包商提供更专业的参照资料。非常荣幸的是，他同意了。虽然我与他的"在场建筑"事务所（Spacework Architects）分享了合作设计的费用，但我从一开始就意识到，他愿意为我这样背景的人提供帮助，实际上是无价的。

随着时间的推移，我们的关系已经发展成为一种深入而丰

一个荒废的驴棚被改造成了一座凉亭。令人惊讶的是，这个看似简单的玻璃屋顶，其实费了许多的心思来设计与施工。

富的合作关系，在我们共同承接的项目中，我们通常作为建筑师共同署名。你能想象两个富有创造力、自信、经验丰富且固执己见的设计师是如何一起工作的吗？这有点像婚姻。

我们之间没有一天是没有分歧的，但我们都致力于为客户提供最佳方案，这就意味着我们两个人都要有所取舍。我们谨慎地选择"战斗"，并且学会了当对方不肯让步时，需要停下来，再次仔细思考如何打破僵局而不是让个人的自负破坏了我们追求最佳的努力。

因此，钟文凯不仅仅是一位合作者，还是我的良师益友。我相信他也是这样看待我的。我们的作品因为共同协作而变得更好，不断地相互修改、相互启发，最终总能提出一个完美的解决方案。

我们两人都认为，我们成功地实现了这些目标。比如我们最近的一项建筑设计合作，是完成了北京延庆的一座乡间别墅改造。更重要的是，客户告诉我们，他们很喜欢这座乡间别墅。

这是"百里乡居"的部分公共区域，左边的蓝色建筑曾是大石窑村的村委会，现在是一家餐厅。右边的建筑曾是一所小学，现在是活动中心。用当地石材铺成的室外广场是一个表演场所。中间是一座新的两层建筑，依山而建，二楼是那家餐厅的包间，一楼是仓库和公共卫生间。请参见第 267 页图纸。

大石窑村原来的每栋建筑都进行了重新改造，但我们仍需要更多的客房，以使"百里乡居"实现经济上的自给自足。因此，我们用新的酒店建筑填充了一些院落。

我们重修了一座三开间的老房子，将其打通成一个单间作为健身房，并在后面的棚屋中增设了仓库和洗手间。外墙变成了全玻璃幕墙，里面的木结构由钢结构进行了加固。外墙上的部分矩形实际上是带纱窗的窗户，可以打开通风。

30
延庆山居

在这部分图文中，我试图讲述一个故事，展示我和钟文凯共同设计的一座私人住宅是如何诞生的。这栋老住宅位于延庆乡间的一个山腰上，这里原来有一所老房子，但悬崖峭壁阻挡了晨光的照射。我们决定保留老房子中的一部分，作为对建造这座民居并世代居住于此的人们的实物纪念。但我们如何才能既保留老房子，又建筑新房子，还要从两端将它们连接起来，并且在功能上纳入一个整体的新住宅？我们如何在有限的预算内，最大限度地利用自然阳光和景观，创造出一个美妙的新空间？

左 东面杂草丛生的山崖脚下，客户委托我们将倒塌的小屋改造成一所保暖的瓦屋，而且客户的预算还极为有限，我们非常高兴地接受了这项颇具挑战的任务。

右 这就是我们挑战任务的成果。重建的小屋位于照片的中心，它的左侧与新的大厅相连，右侧则通过一条黑色石板"隧道"连接新的卧室。屋顶确实都是瓦片，但整个建筑有很多地方都是非传统的。

左上 将光线引入新卧室的秘诀在于，带有巨大窗户的锯齿形墙壁。

左下 在这里，我们可以看到新的大厅内部。高窗全天候提供自然采光，西侧高大的圆窗可以让人欣赏到山谷中四季交替的壮丽景色。

右 一条小道与大厅的西面平行，大教堂般高高的圆窗确保了私密性。

左　高大的圆窗下，室内的一个视角。

右　室内的另一个视角，可以看到各式各样的建筑材质。

左 这是通向新卧室的黑色石板"隧道",从黑暗走向光明。黑色的窗框可以防止碰撞,也不会遮挡视线,中间有一个可以打开的纱窗(如右图所示)。请注意白色天花板形成的不规则平面,整个住宅都是这种吊顶。

右 转过弯,主人套房就在走廊尽头的门后。我们还可以看到一侧有主卫生间的通风口,以及屋顶隐藏的水槽如何用长长的龙头将雨水排出。

主卧室的床镶嵌在左侧的木结构之中，里面设有阅读灯。如果躺在床上向南眺望，窗外是一览无余的山景。黑石地板上镶嵌的圆形原生石灰岩，可以捕捉阳光的变化。

这是一间套房的浴室，透过高高的长窗，可以看到远山的景色。窗下则有一面凸出的洗手镜，可以反射房间的另一面。

31
持续发展

寒来暑往，秋收冬藏。随着时间的流逝，我设计的前述一系列乡村餐厅、酒店和别墅，逐渐有了一些名气，也吸引了不少媒体的注意，相关的报道陆续见诸报刊、电视台与互联网。各地的一些领导，也先后来慕田峪考察我们所做的项目。

我真的没有想到，作为一个美国人，在中国会获得这样的重视。有一次，我正在给一个法国朋友建造一座500平方米的别墅。一位地方政府的领导听说有一个外国人正在慕田峪做这样的事情，就在一个星期六的下午轻车简从地过来了，他让"小园"的服务员找他们的老板来谈一谈。后来服务员告诉我，这是领导在"微服私访"。

我陪这位领导参观了餐厅和酒店，还有正在施工的500平方米的别墅，他在那里望了望万里长城，又看了看这个工地，突然跟我说："萨洋，我特别欣赏你在这边做的工作，你设计一个方案，我想让我们那边的所有村民都搬走，然后把那里交给你，由你负责帮助我们政府来开发。"

这把我给吓坏了，当时我就站了起来说："领导，我很感谢并尊重您的提议，但是我可以坦率地告诉您，如果真的这么做，我也待不下去，会和村民们一起走。"

朋友们后来说，我或许不应该那样直接跟领导说话，这多少有些冒犯的意味，中国人一般不会这么做。幸好领导没有误解和生气，也没有打断我，他示意我讲一讲具体的原因。

左 参加各种研讨会，我都反复提及的理念。

右 非常荣幸的是，我应邀对中国各地许多的乡村旅游项目进行评估与规划，这些项目既有政府组织的，也有私人开发的。例如，我关于三峡地区一个古山村的开发报告，这是其中的一页。最终，我们团队的计划获得了批准。

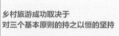

乡村旅游成功取决于对三个基本原则的持之以恒的坚持

五个不要

| 对视域的保护 | 农业和可持续性实践 | 融入当地社区 | 搬迁 |
| --- | --- | --- | 拆迁 |

五个不要
- 搬迁
- 拆迁
- 假古典
- 假西式
- 大规模

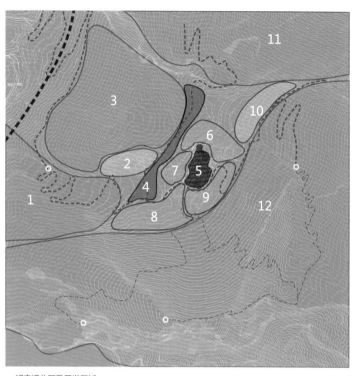

胡家坪分区及开发区域

1 下村	4 山口	7 核心区西	10 上村
2 西南	5 核心区	8 核心区南	11 墓地北
3 求雨堡	6 核心区北	9 核心区东	12 水站上方

原因其实很简单，我反对清空"原生态"的村庄，这是一个错误的做法。我在中国其他的一些地方已经看到了，很多地方政府为了改造一个具有文化旅游发展潜力的村庄，最常见的做法就是拆掉重建。但是重建的村子一点儿人气都没有，一到夜晚就成了"鬼村"，而且对土地与生态造成十分严重的破坏。

我认为更好的做法是，尽可能保留"原生态"乡村本来就有的人间烟火，去做一些设计改良与改造，以适应文旅发展的需要。尽可能不拆原来的老房子、不迁走原来的居民。而是通过服务，让游客与本地的生活与生态相融合。

后来我去参加各种文化旅游研讨会，担任演讲嘉宾，我都会提出这样的问题与大家讨论：我们希望看到什么样的中国农村？什么是真正的青山绿水？它首先难道不应该是人们可以在此世代居住的地方吗？

其次是关于"运营"的问题，比如"民宿"，最近几年很火，实际上有些民宿没有很好的定位，里面没有本地的居民。从周一到周五基本上没有客人，然后就靠周末和节假日那么一点点游客，经营都做不到持平。重建投入了不少钱，三年五年都赚不回来，怎么可持续发展？

在长城脚下、在其他山区，我不仅是改造了几栋老房子，重要的是经营企业，一个企业想要可持续发展，就不能离开盈利的良性循环。一个企业如果不赚钱，就没有足够的流动资金运转并给员工发工资，这种企业可持续不了。

那位领导听到这里，就来了兴趣，他问："萨洋先生，你为什么到中国来？你为什么做这些项目？"你知道我是怎么回答的吗？

我说："我是为了——赚钱——而来的。"

领导听了哈哈大笑，大家也都听懂了，我不是在开玩笑。虽然了解我们经历的朋友都知道，我和唐亮这么多年来绝不只是为了赚钱而来到慕田峪。但是从我们经营企业——"小园"那会开始，我们就必须要保证赚钱，公司不赚钱，就绝对没有办法做到可持续发展。

一个项目，如果不能够持续发展，那就只能由地方政府不断"输血"与维持，或者任由它荒废。这类例子太多了，比如很多地方的景点就是这样，相关负责人不太负责，从不考虑运营问题。那么每年维护景点的资金从哪儿来呢？只能是指望政府拨款或是机构援助，可能修补一遍油漆就完事了，什么可持续发展都谈不上。但是如果把这些地方都盘活运营起来，就能够充分利用社会资本，让景点成为本地生活及生态的一部分，而不是政府的负担。

那天下午，我向那位领导开诚布公阐明了我的观点，事后看来，沟通得很清楚也很成功：第一是我不要拆迁老村子，我要改造和改良它，以保留世世代代人间烟火的生活，这与各地很多新的大型建筑项目大为不同。

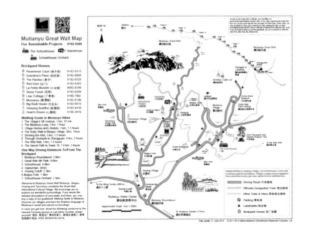

左　慕田峪及北沟村等周边地区的可持续发展蓝图。

对页左　在"小园"餐厅开业后不久，我们的团队（由怀柔当地的村民组成）就为一位客人送上了生日蛋糕。端着蛋糕的年轻人一脸紧张，生怕蛋糕掉在地上！

对页右　2020 年，由于疫情原因，"瓦厂"酒店暂停营业，但我们仍然组织员工对整个场所进行了大规模的清洁。大扫除之后，大家一起共进了晚餐。

第二是我改造建筑的目的，不只是保护建筑，然后年复一年地寻求政府拨款与财政资金支持。我希望能用运营的方式，让建筑生生不息地存在下去。这不仅可以成为当地经济的收益来源，也可以成为村民的职业与收入来源。雇用当地村民，采购当地的产品，烹饪当地出产的食物，绝不使用罐装食品……这才是真正的、循环往复的生活。

改造老房子，运营新企业，雇用当地人，这些形成了立足于当地的经济循环，甚至会对当地村民的言谈举止产生好的影响。举一个简单的例子：不管是在"小园"还是"瓦厂"，任何一个本地村民走进来，绝不会随地吐痰，也绝不会光着膀子。因为我们不允许，一开始或许有一点强制，

服务员会说："对不起，您穿好衣服再进来。"

但后来他们就自觉了，进来时衣冠都比较整齐，而且会注意卫生。因为进来以后，他们会觉得这是一个好的环境，也是造福本地的企业。人都知道自律，也总是想学习、进步、改变自己的，对吧？

说到学习、进步、改变，可不仅仅是对村民而言，更是对我自己而言。

当然，也可以换句话说，我根本就是村民之中的一员，因为我来到中国生活已经快40年了。如果从1996年我和唐亮开始在慕田峪改造老房子、居住到长城脚下开始算，至今也过去了将近30年，毫无疑问，慕田峪村就是我的"家乡"。

32
大道至简

中国人常常说"大道至简"。在建筑设计工作中，我也逐渐认识到，实现"简约"其实是设计师面临的最大挑战。"简约"也常常被错误地与缺乏结构以外的装饰混为一谈。那么，到底什么是"简约"呢？

在本书即将结束之前，我想有选择地推荐六座经典建筑及其设计形式，它们是我在世界各地旅行探索中给我带来重要灵感与参考的伟大作品，它们以独特的方式实现了各自的"简约"理想。

一是罗马万神殿。每次去罗马，我都会站在 43.3 米高的穹顶下，透过 8.8 米高的圆窗仰望天空。我对圆窗和天窗的无限迷恋，或许就是从这里开始的。光线和景色在不变的空间中不断变幻。这个工程奇迹经受并超越了时间的所有考验。所有伟大的建筑——从希腊雅典的帕特农神庙到孟加拉国达卡国会大厦——在我看来都是一种永恒的、超凡脱俗的存在，就如它们建成的那天一样崭新。

二是帕拉迪奥的萨拉切诺别墅。建筑历史学家维托尔德·雷布琴斯基（Witold Rybczynski）曾在这座文明之家居住，同时完成了《完美的房子》一书，而在那里，我度过了60岁生日。对称、装饰、舒适，在这座别墅里全部恰到好处。

三是赖特的住宅塔里埃森。弗兰克·劳埃德·赖特这位伟大的建筑师为自己和爱人建造了一个怎样的家？它完美地坐落在山腰上，空间和光线都十分协调，装饰也十分华丽。参观者在这里或自由走动，或坐在椅子上，都会沉浸在赖特独特的设计视角中。

四是密斯的法恩斯沃斯之家。玻璃屋是一项终极挑战,我在此的收获是,隐藏的公用设施、丰富的材料与钢和玻璃的结合、开放式设计以及定制家具,这些都是完善空间的神来之笔,而不仅仅是补充。

五是王澍设计的宁波博物馆（院）。在我看来，王澍，这位迄今为止中国唯一的普利兹克奖获得者，是一位继承了中国古代文人画传统的建筑设计师。在经历长期实践以后，他的设计看似随心所欲，毫不费力，甚至无需技巧。宁波博物馆采用了简单的乡土材料，如清水混凝土、废弃的砖瓦，质朴粗糙的工艺，呈现出简单而崇高的形式和空间。这也是"侘寂"风格的投影。

钟文凯和我还有我们的朋友艾米·莱利维尔德（Amy Lelyveld）一起前往宁波"朝圣"，目睹了王澍设计的这座建筑。在我看来，亲身接触一座建筑或其他艺术品的过程，确实是无可替代的。

六是长城。人类历史上最大体量的建筑如何体现简约？我认为它有几个方面引人深思：目的明确，尊重地形，以及使用最近距离的泥土、石头、砖块等自然材质。2022 年，我和唐亮有幸在威廉·林赛的带领下，从包头以北出发，徒步前往长城最古老的一段。正是这段拥有约2300 年历史的秦代建筑，让司马迁发出了"万里长城"的感叹。

长城并不像马其诺防线那样壮观而愚蠢，它是一道成功的屏障。几十年来，生活在长城脚下，我每天都会想起一百多年前罗伯特·弗罗斯特（Robert Frost）在他的诗作《修墙》（*Mending Wall*）中简单而深刻的思索："有一种什么东西，它讨厌墙。"（Something there is that doesn't love a wall）弗罗斯特其实在提醒我们更普遍的边界问题——物理的、社会的、精神的边界，应该思考，我们把什么围在墙外，把什么围在墙内，以及为什么？

也许有一天，我会带着读者们一起踏上一段文学之旅，去仔细领略那些不断激发我灵感的伟大建筑与设计师。现在，我只想将为我和唐亮的晚年生活所创建的简朴家园，也就是我们现在居住的休憩之地呈现给大家。

曾经，这里是一个村庄的仓库，后来它成为艺术玻璃工厂，再后来是我们的工作室。如今，它再次蜕变，成为一座采光充足的全白色住宅，并以平整的教堂玻璃和丰富多彩的纺织品作为装饰。

与"简约"理念有关的，还有大约二十年前，日本作家山下英子发起的一场"断舍离"运动。如今"断舍离"的理念在中国也非常流行，这是一种放弃极端物质主义、让生活更简单的理念。根据我的理解，这个词也意味着要摆脱精神垃圾，成为一个更快乐的人。

但"断舍离"肯定不是要求一个人生活在没有任何财产的、光秃秃的空房里，尽管我认为，现在的我仅凭回忆和梦想也可以获得内在的快乐。另一方面，如果我们获取的能力减弱，也会迷失方向。我和唐亮决定，在简朴的家中保留一些收藏品，作为我们"记忆宫殿"的实物路标，让我们继续审视美好人生。

后记

唐亮

老萨总是说："你应该管我叫小萨，因为直至世界末日我也比你小。"

萨洋比我小一岁，但他看起来比他的年龄更成熟。转眼，我们已相识、相知、相伴 40 多年，回首岁月，感慨万分，生命如此短暂，但依然绽放。

初识萨洋，英俊、害羞、内向、慢热，我问过自己，为什么选择了他？结论——我欣赏他的智慧，善于思考，博览群书，探索人生，忠诚、有责任感，一直保持对事物的好奇心。在茫茫人海中，他出现并走进了远离家园的我的生活。我 25 岁离开祖国，算起来我与萨洋在一起的时间比我的家人要长很多，人生就是这么奇妙，我相信缘分。

虽然我们那时都是穷学生，但伯克利码头绚丽的落日让我终生难忘。记得我们常去大学街桥下的那家海鲜老店，只点我们爱吃且能承受的炸虾（当时 4.99 美元一份），再去买几瓶啤酒，开车去码头看落日，当太阳与海湾成为一条线的那一刻，一切都静止了，单纯的美，世上再无痛苦与烦恼。

为人父母是大多数人要经历的。我从小被宠爱，有优越感也任性，至今记得我的父亲教育下一代的理念——"让孩子们自由地成长！"父亲17岁离开上海远渡重洋去了法国，他对我的影响是终身的。我们用心努力地做"合格的家长"，在别人眼中我可能是一个极不称职的妈妈，因为：

我不参加家长会；

从小学到高中，我没有陪孩子写过一次作业，被老师单独叫去谈话，鉴于我的态度，老师再不联系；

偶尔会让孩子缺课，因为要带她们去看世界；

从小告诉她们，如果被欺负，一定还手。

可以继续列举……孩子们从小就在中国长大，和姥爷姥姥特别亲，姥爷挂在嘴边的一句话就是"你们快乐吗？"，这样简单的语言表达了对生命的探索，孩子们也在快乐中长大。

萨洋与我1986年回到北京，对中国人食不厌精的文化不断地加深了解。一次下班后，看到阿姨做了鸡汤，坐下刚喝了一口，马上搁下汤匙说："阿姨，你为什么用冻鸡煮汤？"阿姨震惊，马上解释，今天去菜场晚了些，没有买到活鸡。我简直无语了。我们多年来游历世界，每到一处，除了自然风景、建筑、人文，美食体验必不可少，尤其是当地美食。我很幸运，所有的旅行计划均由萨洋提前一年安排。何时、何地、住哪儿、看什么、吃什么……我只需记住日子，打包好行李即出发。我想有一天如果有机会写一本关于吃喝玩乐的书与读者分享，也将是一件很有意思且幸福的事。

这些出行计划是萨洋在夜深人静时做的，就像他的设计作品，通常在深夜和清晨，他在手绘图纸，多少个无眠之夜伴随着他。星空万里，月光高悬。我看到他，敬佩他，欣赏他。

2005年，我们先后离开了大公司的工作，来到了怀柔慕田峪村长城脚下安家。萨洋做过人生中两个重要的选择（如果算上向我求婚便是三个）：第一个是，放弃在加州大学伯克利分校的博士学位毅然决定来中国，他当时很严肃地告知我这个决定时，我们的老大刚出生。他说："我不想坐在图书馆里去研究中国，中国正在经历着重要的历史时期，我决定去中国，置身其中并去见证这一切。"2005年他又做了第二个决定："唐亮，我辞职了。"我平静之后问他："你准备做什么？"他思考了一下，告诉我："我们搬到乡下去吧。"就这样，我奉献了宝贵的近20年青春，与萨洋开始了"乡村之旅"。我称之为旅行，因为在一开始时，对于要去的地方、要做的事，完全是陌生的、未知的、充满挑战的、艰难的……

萨洋非常了解我，他知道搬到乡下居住不是我想要的生活。我出生在北京，吃喝玩乐、朋友聚会、文化氛围，歌剧、话剧、芭蕾、交响乐、听戏（追程派）……这一切对萨洋来说确实是个挑战，但他并不急着试图说服我，而是默默地开始为我们营造一个在长城脚下不一样的家。

过去近20年的大部分时间，我们都住在这个家里。在这里，站在花园中可眺望长城，院外大树上的喜鹊窝，院内的紫藤，多年居住在屋檐下的小黄鹂一家，山里的小松鼠，每日与大自然相伴，日出日落，晚霞和满天的繁星，桃花盛开的春天，夏日的蒙蒙雨夜，层林尽染之秋，冬季在壁炉旁静坐，倾听雪花落地的声音。我很感恩萨洋为我建造了这样温暖的家。

情之所至，我还写了一首小诗。

我心飞翔

度过了多少春夏秋冬
错过了无数美妙时光
至今仍有万般遗憾
我心一直向着远方

无奈与失落
悲痛和忧伤
瞬间错过的拥吻
我心仍在追逐

春风徐徐
夏日炎炎
秋叶落尽
白雪皑皑

曾经拥有多么美妙的时光
去海边看落日余晖
你是那样的深情
在深夜里拥我入怀、为我吟诗

让我们继续牵手
浪迹天涯　探索追求
直至生命停止的那一刻

让我们的心永远飞翔

致谢

这本回忆录的主题之一，是感谢那些在我的"记忆宫殿"中给予我帮助和鼓励的人。在已述的篇章中，提及了一些人，但我还有一个更宏大的心愿，便是将更多改变了我人生轨迹的贵人相助的故事，分享给这个世界。如此，便能以文字为媒介，向他们表达我最真挚的感激。

然而，我无法一一列举所有帮助过我的人，所以就不出具名单了，以免挂一漏万、顾此失彼。不过，他们真的曾经帮助并点亮了我的人生道路，我衷心希望可以在此一并致以最深切的谢意。

中信出版社认为记录我在中国生活和工作的内容将成为一本引人入胜的读物，因此决定出版本书。十分感谢他们给予我这一机会，让我得以呈现一个外国人如何尊重中国并努力做出贡献的点点滴滴。在这个项目中，编辑团队展现出了他们的耐心和专业精神，我们合作的过程充满乐趣。感谢曹萌瑶、曾孜荣、李晓彤、侯明洁和李梁。

我要向曾孜荣表达非常的敬意，他不仅仅是一位编辑，更将我的英文回忆和汉语口述故事转化为优美的中文篇章，他倾注心血，致力于让这本书成为关于我"记忆宫殿"的一次美妙旅程。

我还要感谢我和唐亮的朋友涂玉艳，她全程参与了从构思到出版的整个过程。她的热情、幽默和创意，让我们的每一次交流都充满了欢乐和启发。

最后需要特别感谢的是唐亮，她激发了我创作这本书的热情，让我能够讲述我们共同的故事。在本书的"后记"中，她用深情的笔触，讲述了我们彼此，我们与女儿唐雯、唐洋，以及我们与家人和朋友之间的深厚情感。四十多年来，唐亮一直是我生命中忠实的陪伴者，她用甜言蜜语哄我、训我、评我、赞我、容我、爱我。她是我生命中独一无二的挚爱，永远无人能及。

萨洋于慕田峪村

2024 年 4 月

图片来源

001，003-005，008，013，014-015，078，082-083，085，088-089，090，092，094，095，097，108-109，110，114，115，119，120，121，122-123，124，129，130，134，136-137，139，140，142，143，144，145，146下图，152，153，156，158，161，164，166-167，168，169，171，173，174，175，176，178，180，181，182，183，184，185，186，187，188，189，194，195，198，212，213，218-219
摄影：罗伯特·麦克劳德（Robert McLeod），版权所有：China Bound Ltd.

081，091，106，112，146上图，157，159，196，200，201
摄影：夏至（Xia Zhi），版权所有：China Bound Ltd.

014-015，017，018-019，074，116-117，118，131，132-133，149上图，177，179，205，206，208-209，210，223，225，227，251，265
摄影：唐洋（Emily Tang Spear），版权所有：China Bound Ltd.

007，010-011，016，021，040，053，057，066，068，069，077，079，087，099，100，103，104，126-127，141，149下图，155，163，191，197，222，233，235，241，244，245，246，247，248，250，252-253，259，264
摄影：萨洋（Jim Spear），版权所有：James H. Spear, Jr.

113，147，151，201，202-203，207，217，220，221，224，226，228-232，234，236，237，254-258
摄影：在场建筑，版权所有：在场建筑

243，249
摄影：钟文凯，版权所有：钟文凯

025，033中图，051上图
摄影：李梁

Ⅲ，Ⅳ，268图纸
绘制：在场建筑，版权所有：China Bound Ltd.

267图纸
绘制：在场建筑，版权所有：China Bound Ltd./在场建筑

其他图片是萨洋、唐亮家（Spear/Tang Family）照片及纪念品，经许可使用

百里乡居
(Bailixiangju)

1　多功能活动厅/
　　原小学校舍
2　餐厅/原村委会
3　露天剧场
4　乡村观景厅
5　简餐商店
6　水塔
7　架空桥
8　后勤服务
9　酒店登记
10　客房
11　玻璃亭/驴厩
12　小卖部

13　儿童中心
14　农场用房
15　废墟/瑜伽平台
16　健身房
17　书吧/老校舍
18　土庙
19　露营设施
20　保安值班
21　员工宿舍
22　独立院落 I
23　独立院落 II
24　停车

甲乙丙设计工作室＆萨洋唐亮住宅
（ABC Design Studio & Spear/Tang Residence）

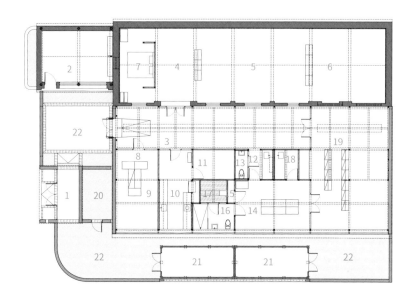

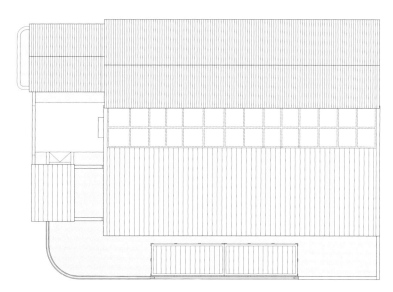

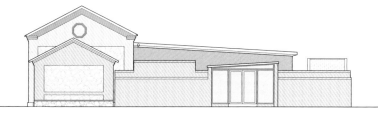